高素质农民培育系列读本

稻麦病虫草害飞防技术

DAOMAI BINGCHONGCAOHAI FEIFANG JISHU

陈国奇　宋杰辉　王茂涛　邢志鹏
朱　凤　李　尧　魏海燕　黄元炬　编著

中国农业出版社
北　京

图书在版编目（CIP）数据

稻麦病虫草害飞防技术 / 陈国奇等编著．—北京：中国农业出版社，2020.9
（高素质农民培育系列读本）
ISBN 978-7-109-27153-1

Ⅰ.①稻…　Ⅱ.①陈…　Ⅲ.①水稻－病虫害防治②水稻－除草③小麦－病虫害防治④小麦－除草　Ⅳ.①S435.1②S45

中国版本图书馆 CIP 数据核字（2020）第 141505 号

中国农业出版社出版
地址：北京市朝阳区麦子店街 18 号楼
邮编：100125
责任编辑：国　圆　孟令洋
版式设计：王　晨　　责任校对：吴丽婷
印刷：中农印务有限公司
版次：2020 年 9 月第 1 版
印次：2020 年 9 月北京第 1 次印刷
发行：新华书店北京发行所
开本：880mm×1230mm　1/32
印张：4.75
字数：200 千字
定价：20.00 元

序

粮食安全是国家安全的重要基础和国家富强的保障，“藏粮于地、藏粮于技”是我国的国家战略。21世纪以来，我国农业雇工难度加大，成本攀升，作业省工、省时、省力成为我国水稻、小麦等主粮种植业发展的重要方向。病虫草害防控是水稻、小麦种植中的基本作业内容，也是费工、费时、费力的重要环节。采用飞防，即应用飞机加载喷药系统进行施药防治病虫草害具有高效、高适应性、省工、省时、节约成本、降低污染等优势，因而成为“无人化”农业发展的重要方面。近年来，随着信息技术和无人机制造工艺水平的跃升，我国稻麦飞防的应用面积呈现持续快速增长的态势。我国的科技工作者、政府服务部门、企业等一边引进、消化、吸收国外飞防技术，一边开展切合国情的研究及应用推广等工作，有力推进了我国稻麦病虫草害飞防技术的发展。

本书围绕我国水稻、小麦种植过程中的病虫草害飞防问题，分别介绍了飞防技术发展进程、飞防装备、药剂和操作技术、主要病虫草害飞防技术与亟待解决的瓶颈问题，以及相关法规等。可为从事稻麦种植人员、植保技术和产品研发人员及相关行业从业人员提供参考。希望各位读者对书中的错漏之处批评指正，帮助作者在稻麦病虫草害防治技术研究方面朝着“先进、实用”的目标不断进步。

中国工程院院士：张洪程

2020 年 6 月于扬州

前　言

飞防是我国水稻、小麦田植保作业技术发展的趋势和方向，特别是近几年来，随着植保无人机制造工艺的提升，我国稻、麦田病虫草害飞防面积逐年快速增长。全国各地为数众多的科研机构、企业投入大量的资源开展相关的研究和推广应用工作，促进了我国稻麦病虫草害飞防水平的整体跃升，飞防作业的优势已经开始得到稻麦种植农户的广泛接受和认可，相关的市场规模持续膨胀，发展潜力巨大。

到目前为止，我国尚没有专题介绍稻麦病虫草害飞防技术的书籍，为此，在张洪程院士的指导和推动下，结合实施国家重点研发计划课题（2016YFD0300503）与江苏省农业科技创新与推广项目（稻麦生产“无人化”关键环节机艺融合技术研究与示范）的需要，同时基于编写团队成员的实践经验和飞防新技术推广，我们启动了本书的编撰工作，力求为稻麦种植人员、新技术服务与推广人员及相关科技工作者了解稻麦田病虫草害飞防技术提供一本系统、实用的参考书籍。全书内容共分为5章，第一章围绕飞防发展概况介绍了飞防的优势和不足、国内外飞防发展现状、飞防作业相关的政策和法规等，由宋杰辉、魏海燕编写；第二章围绕飞防作业介绍了飞防飞机类型、机载喷药系统和飞防操作的一般流程和注意事项，由陈国奇、邢志鹏编写；第三章和第四章介绍了稻麦主要病虫草害的种类、飞防药剂、防治时机以及稻、麦田病虫害和草害的综合飞防技术，其中草害内容由陈国奇和黄元炬编写，麦田病虫害由陈国奇编写，稻田病虫害由宋杰辉和李尧编写；第五章针对我国稻麦病虫草害飞防应用现状讨论了有待解决的瓶颈问题，由陈国奇编写。全书大纲由张洪程、王茂涛、陈国奇、宋杰辉、朱凤拟定，王茂涛和朱凤对初稿进行了修改，陈国奇统稿。

本书编撰过程中得到了扬州大学刘芳、胡奎、胡雅杰、胡金龙、梁友、霍庆波，南京农业大学王建新，江苏省东台市植保植检站仲凤翔，湖南农业大学唐彦等老师的大力帮助；承蒙华南农业大学兰玉彬教授对书稿进行了审阅；本书出版还得到了江苏省现代农机装备与技术示范项目（NJ2019－33）、江苏高校优势学科建设工程资助项目（PAPD）、扬州大学出版基金的资助，在此一并表示诚挚的谢意！由于作者水平所限，书中难免存有错漏，敬请读者批评指正。

编著者

2020年5月于扬州

目录

第一章
飞防发展概述

飞防是指应用飞机挂载施药系统进行药剂防治有害生物的作业方式，因此又称为航空植保。飞防是农业航空中重要作业种类，是将航空技术与植保技术结合起来，扩大了植保技术的范围，为植保的发展和应用提供了新的方法与途径。近年来，我国的农业航空设备与技术的研发取得很多新进展，除了在施肥、播种、航测上应用外，飞防技术也得到了长足发展，在大面积暴发性生物灾害的航空防治作业上，防治效果十分明显，为推进我国现代农业发展发挥了重要作用。但由于经济水平和农业航空管理等原因，与国外先进农业航空植保水平相比，仍然有一定的差距。

一、飞防与地面植保作业相比的优势和不足

（一）飞防与地面植保作业相比的主要优势

相比地面传统植保作业方式，飞防具有以下优势：

1. 效率高

有人驾驶固定翼农用飞机的植保效率约为每小时 750 亩*，油动单旋翼无人机的植保防治效率约为每小时 225 亩，电动多旋翼无人机的植保防治效率约为每小时 90 亩，综合作业效率是地面机械作业的 10 倍以上，是人工作业的 100 倍以上。

2. 收益高

以无人驾驶直升机航空喷施作业为例，综合作业成本及收益对比分析结果显示（微小型无人飞机的使用寿命按 5 年计，机动喷雾

* 亩为非法定计量单位，1 亩＝1/15 公顷。——编者注

机与手动喷雾器按3年计），采用25kg有效载荷的单旋翼油动力无人机和15kg有效载荷的单旋翼电动无人机进行喷施作业的年度收益分别是机动喷雾机的33倍和25倍，是人工手动喷雾器（不算人工成本）的133倍和93倍。

3. 突击能力强

飞机飞行产生的下降气流吹动叶片，能使叶片正反面均能着药，对病虫害的防治效果相比人工与机械提高15%～35%，航空作业速度快，应对突发、暴发性病虫害的防控效果好。

4. 适应性广

飞防不受作物长势的限制，可解决作物生长中后期地面机械难以下田作业的问题，尤其在丘陵山区交通不便、人烟稀少或内涝严重的地区，地面机械难以进入作业，航空作业可很好地解决这一难题。

5. 劳动用工少、作业成本低

据统计报道，飞机航空作业与地面机械作业相比，每公顷可减少作物损伤成本及节约其他支出（油料、用水、用工、维修、折旧等）约105元。

6. 保护人身健康和环境

航空施药操作员无须与农药直接接触，降低了农药的伤害。航空精准施药保证药液在目标作物上的精准喷洒，减少了雾滴在目标区以外的飘移，对农田环境、周边水域环境进行了有效的保护。同时，航空施药不会留下辙印和损伤作物、不破坏土壤物理结构、不影响作物后期生长。

（二）飞防与地面植保作业相比的主要不足

相比传统的地面植保作业，飞防也有一些自身的不足之处，主要包括：

1. 喷液量不足，药效不够稳定

由于机载容量和动力方面的限制，飞防施药的喷液量常为每667m^{2}喷1kg，而常规地面喷雾的喷液量常为每667^{2}喷30kg。我国目前登记在用的大多数稻麦田农药主要针对常规地面喷雾使用，喷液量的巨大差别，导致在病虫草害种群密度较大、田间土壤墒情不佳等情况下，飞防效果不理想。此外，喷液量大幅降低，对应于药剂浓度大幅提高，相关药剂对作物的安全性需要重新研究。

2. 设备购置和维修保养成本较高

即使在国家补贴后，一般用于植保的多旋翼无人机价格为3万～10万元，油动无人机价格更高，有人驾驶飞机则需百万元以上，并且飞防装备保养和维修成本也较高，维修保养网点普及率不够，因此限制了普通种植户购置相关设备。

3. 飞防作业对专业知识、水平和技能要求较高

驾驶无人机飞防需要考取专门的无人机驾驶员证书，否则，操作不当轻则导致防效不稳定、作物药害、装备零件损坏等，重则可能引发飞机损毁等严重事故。

二、国内外飞防技术发展概况

（一）国外飞防技术发展概况

美国是农业航空应用技术最成熟的国家之一，已形成较完善的农业航空产业体系，据统计，美国农业航空对农业的直接贡献率为15%以上。目前美国有农用航空相关企业2 000多家，已成立国家农业航空协会（National Agricultural Aviation Association，NAAA）和近40个州级农业航空协会。美国目前在用农用飞机4 000多架（共有机型20多种，以有人驾驶固定翼飞机为主，约占88%），在册的农用飞机驾驶员3 200多名，年处理耕地面积近3 400万 hm^2，占美国年处理耕地面积的40%，全美65%的化学农药采用飞机作业完成喷洒，其中水稻施药作业100%采用航空作业方式。飞防使美国农业产业结构得到合理调整，此前，美国因农业劳动人工成本太高，一度放弃水稻种植，大米全部进口，后来推广使用航空作业，水稻种植得到发展，到20世纪70年代末，一跃成为世界上主要的稻米出口国之一。此外，美国的森林病虫害防治也全部采用航空作业方式。

国家大力扶持农业航空产业的发展是美国农业航空发达的重要原因之一。美国从20世纪70年代就开始研究航空喷施作业技术参数的优化模型，用户输入喷嘴、药液、飞机类型、天气因素等，通过对内部数据库调用，即可预测可能产生的飘移、雾滴的运动和地面沉积模式等。美国国会通过了豁免农用飞机每次起降100美元的机场使用费的议案，以降低农业航空作业的成本；在NAAA的推动下，美国参议院已通过议案将继续大力支持开发更高效、使用成本更低的农业航空相关技术。

在美国，飞防作业技术规范，施药部件系列完善，能适合不同作业要求。随着精准农业技术手段如GPS自动导航、自动控制系统、各种作业模型的逐步应用，施药作业变得更加精准、高效，对环境污染少。近几年来，包括全球定位系统、地理信息系统、土壤地图、产量监测、养分管理地图、航拍、变量控制器和新类型的喷嘴如宽频调制变量喷嘴等精准农业技术研发，进一步促进了航空应用技术的发展。机载遥感系统可以产生精确的空间图像用来分析农田植物的水分、营养状况，病虫害状况；空间统计学可以更好地分析空间图像，通过图像处理将遥感数据转换成处方图，从而实现航空变量施药作业。因此，遥感、空间统计学、变量施药控制技术对于航空精准变量施药作业系统都是至关重要的。目前，美国等发达国家在农业航空技术方面的研究热点，主要在以下3个方面：图像实时处理系统、多传感器数据融合技术、变量喷洒系统。

日本农民户均耕地面积较小，地形多山，不适合有人驾驶固定翼飞机作业，因此日本农业航空以直升机为主。1958年日本开始将有人直升机运用于稻田的害虫和稻瘟病防治，当时的农药喷施面积为100hm^2，到1993年达到210万hm^2，目前有人直升机喷施农药几乎遍及整个日本。日本农业航空快速发展的原因有以下两点：一是年轻一代不愿意从事繁重且劳累的农业种植工作，导致从事农业生产的劳动人口减少；二是农业机械化和自动化技术的快速发展。1987年研制出世界上第1台工业用无人直升机R50，1997年研发出具有飞行姿态控制系统且性能大幅提升的RMAX新机型，

2003 年推出具有 GPS 导航特性，在飞行稳定性控制方面有较大改进的 RMAX ⅡG 型植保无人直升机。之后，日本无人直升机植保作业率一直高于有人直升机植保作业率，无人直升机逐渐替代有人直升机成为水稻病虫害防治的主要手段。截至 2015 年，日本植保无人直升机保有量为 2 600 多台，无人飞机操控手 14 000 余人，年防治面积超过 96.3 万 hm^2，占总施药面积的 50%以上。采用的主要机型以 YAMAHA RMAX 系列为主。同时也出现了微型无人机。根据日本农林水产省公布的数据，2017 年微型无人机作业面积约8 300hm^2，是 2016 年的 12 倍以上，发展迅速。

韩国于 2003 年首次引进直升机用于农业航空作业，后农业航空作业面积逐年增加。截至 2010 年，全国共有农用直升机 121 架（其中农用无人机 101 架，年植保作业面积 43 460hm^2；有人驾驶直升机 20 架，年植保作业面积 55 200hm^2），约 80%的飞机归地方农协所有。俄罗斯地广人稀，拥有数目庞大的农用飞机作业队伍，数量高达 1.1 万架，作业机型以有人驾驶固定翼飞机为主，年处理耕地面积约占总耕地面积 35%以上。澳大利亚、加拿大、巴西农业航空的发展模式与美国类似，目前主要机型为有人驾驶的固定翼飞机和旋翼直升机。

综上所述，飞防技术是发达国家农业生产的重要组成部分，在农业生产中的应用比重不断加大。根据农田飞行作业环境的适宜程度，国外飞防大致分为有人驾驶和无人驾驶两种作业形式。在美国、俄罗斯、澳大利亚、加拿大、巴西等户均耕地面积较大的国家，普遍采用有人驾驶固定翼飞机作业，而在日本、韩国等户均耕地面积较小的国家，微小型无人机用于飞防作业的形式正越来越被广大农户采纳。

（二）国内飞防技术发展概况

1951 年 5 月，应广州市政府的要求，中国民航广州管理处派出一架 C－46 型飞机，连续 2 天在广州市上空执行了 41 架次的灭蚊蝇飞行任务，揭开了中国农业航空发展的序幕。我国早期所用飞机主要由苏联、美国生产，搭载自主设计的喷洒装置。应用地区集中于北方的黑龙江垦区、新疆建设兵团等地，进行作物保护和森林保护作业，耕地零散化的南方区域则未开展飞防。

经过几十年的发展，中国农业航空作业量逐年增加。中国民航局数据显示，2014 年中国有人驾驶航空器的持证通航企业 239 家，实际开展涉农航化作业的有 56 家，涉农航化作业飞行小时数为 38 220h，其中防治作物病虫害的占 65%。尽管自 2001 年以来，中国农业航空作业总量在总航空量中所占比例逐年下降，但从 2011 年至 2014 年，占总比一直保持在 5%～8%。2015 年，中国农业航空作业时间虽然依然只占通用航空飞行总时间的 5.4%，但是已经突破上一年的最大作业时间，达到 42 100h，比 2014 年增长了 10.2%。2016 年，我国有人驾驶航空器农林业航空作业完成 5.10 万小时，比 2015 年增长 21.3%。

21 世纪以来，我国农村劳动力缺乏的问题在城镇化建设进程中日益凸显，迫切需要节约劳动力的农业生产方式，而飞防的高效性正是解决该问题的关键。2013 年，农业部《关于加快推进现代农业植物保护体系建设的意见》中就曾指出，我国应当强化植保科技创新，大力研发飞防等高新技术。“加强农用航空建设”被列为 2014 年中央 1 号文件“推进农业科技创新”的重要内容。农业部 2015 年 2 月印发了《到 2020 年化肥使用量零增长行动方案》和《到 2020 年农药使用量零增长行动方案》，农业航空技术作为高工效作业的关键技术之一，是实现化肥和农药使用量零增长目标的迫切需要。大力发展农业航空技术对应对突发性暴发性农业灾害，保障国家粮食安全与生态安全，提高农业作业质量和生产效率，培育战略性新兴产业具有重大意义。

近年来伴随着我国城镇化建设进程的加快，大量的农村劳动力向城市转移，农村的土地通过流转方式向着集约化、规模化、专业化、组织化相结合的新型农业经营方式发展。在新型经营主体下，原有的传统型植保喷洒作业方式已经难以满足现有大面积、规模化作业需求，同时在我国的耕地面积中，丘陵山地耕地面积比重大，南方大部分平原地区也主要以水稻种植为主，这导致大型的地面机械很难进入田间进行植保作业，为此研发使用高效及小型化、精准化的施药设备——植保无人机，以解决我国当前施药困难的现状成为现代农业植保的必然。作为精准施药设备，植保无人机既可以提高我国当前的农药利用率、保障我国的粮食安全和生态安全，又可以提高植保作业效率、降低地形对喷洒作业的限制、提高对突发性病虫害防控效果，改变我国当前现有的植保机械落后、施药困难的现状。

据农业航空联盟网络数据统计显示，截至 2016 年 12 月，涉及农用无人机的科研、生产销售、作业服务、人才培训、金融保险等单位约 192 家，来自 23 个省、自治区、直辖市。其中，科研类单位约占 13%，生产销售类单位约占 61%，作业服务类单位约占 16%，人才培训类单位约占 6%，金融保险类单位约占 3%，其他类型单位占 1%。截至 2017 年，从事飞防的服务组织超过 400 家。上述数据表明，当前农用无人机生产销售、服务类单位所占比例较高，但科研类单位所占比例较低。可见，核心关键技术的研究力度仍需加强。

当前，中国植保无人机以电池为动力的多旋翼机型为主。同时由于多旋翼无人机相对于单旋翼无人机和固定翼无人机具有机械结构简单、操作简易以及对起飞地点要求不高等特点，预计未来几年内，中国植保无人机仍将以多旋翼电动无人机为主。

目前的植保无人机机型，有效载荷量为 5、10、15、20、30kg 的机型是主流，其中有效载荷量为 10kg 的机型最多，约占 29.6%。从作业效率角度来看，有效载荷量越大，单个架次的作业面积也就越大，作业效率也越高，但同时单位时间内消耗的动力能量越多，综合成本也更高。从目前动力部件的技术水平来看，有效载荷量为 10kg 的机型应该处于综合成本—效益曲线的最佳结合点，因此成为当前的主流机型。

据农业部统计数据，2015 年底，全国植保无人机保有量达 2 324架，比 2014 年增长 234.3%；作业面积达 1 153.5 万亩次，比 2014 年增长 170.6%。到 2017 年年底，全国植保无人机保有量超过 1.5 万架，作业面积约占全国耕地面积 5%。截至 2018 年年底，全国植保无人机保有量达到 3.15 万架。该数据表明，农业无人机增长迅猛，用于飞防作业正逐渐兴起，发展势头良好。

2016 年底，持有中国航空器拥有者及驾驶员协会（AOPA-China）民用无人驾驶航空器系统驾驶员合格证人数 10 255 人，比 2014 年增长近 41 倍。到 2017 年年底，无人机驾驶员合格证数量 24 407（包括非农业无人机）。截至 2018 年年底，全行业无人机有效驾驶员执照 44 573 本，全国无人机飞防面积累计达到 2.7 亿亩次。该数据一方面反映出近几年来，随着中国针对无人机管理的法律法规逐步出台以及行业体系的逐步完善，无人机驾驶员人才的培训日渐受到重视；另一方面也反映出当前无人机驾驶员人才数量的严重不足。

三、国内外飞防作业相关的政策和法规

（一）日本、美国和欧盟飞防作业相关的政策和法规

日本农林水产省消费安全局 2017 年发布的《无人机植保农药配施利用技术指导准则》（28 消安第 1118 号、地农第 1046 号），对“航空植保无人机作业的安全、无人飞机相关术语定义、与农药喷施相关的机构和协会、空中施药的实施细则、根据航空法的规定申请实施作业、事故发生时的对策、操作者资格、药液喷施后的药效、空中施药药效统计表以及相关信息的收集整理”等做出了细致明确的规定，并在技术准则中制定了一系列相关的规范作业以及效果评估规程。日本国土交通省航空局和农林水产省消费安全局联合发布《无人机农业航空植保空中施药飞行许可》（国空航第 734 号、国空械第 1007 号、27 消安第 4546 号），该法规明确了申请的手续和申请记载事项的确认，申请内容包括申请者姓名、无人机概况、飞行路线及目的、飞行高度、飞行施药效果评估报告、作业领域的通告以及事故报告书等。

美国联邦航空管理局（FAA）发布的《小型无人机法规（107 部）》于 2016 年 8 月施行。该法规对无人机驾驶员提出了执照要求，并且明确飞行规则，针对非娱乐类小型无人机的运行提出了相

关规定，运行种类涵盖了无人机应急救援、无人机航拍航摄等。

欧盟《委员会第2019/945号授权条例（EU）》和《委员会第2019/947号实施条例（EU）》对“无人驾驶航空器系统（UAS）和远程识别附加装置的设计和制造要求，上市销售及其在欧盟内自由流动的规则，在欧洲单一天空空域内进行无人驾驶航空器系统运行的规则和程序”等进行了详细规定。

（二）我国飞防作业相关的政策和法规

我国的无人机飞防作业是近年兴起的，目前对农业航空的管理主要依据国家民用航空管理局的部分规定。

为促进国内无人驾驶航空器的发展，提升国际协同，中国民用航空局空管行业管理办公室2020年4月发布了《国外无人驾驶航空器系统管理政策法规》，介绍了欧盟有关无人驾驶航空器系统相关技术、运行与应用场景、管理方法等方面的政策法规。

在航空经营许可管理方面，2016年4月中国民用航空局出台了《通用航空经营许可管理规定》。该规定适用于中华人民共和国境内（港澳台地区除外）从事经营性通用航空活动的通用航空企业的经营许可及相应的监督管理。

在民用无人机的空域管理方面，为了加强对民用无人驾驶航空器飞行活动的管理，规范其空中交通管理工作，2016年9月中国民用航空局出台了《民用无人驾驶航空器系统空中交通管理办法》。

在植保无人机的运行管理方面，2015年12月中国民用航空局飞行标准司正式发布了《轻小无人机运行规定（试行）》，将轻小型无人机细化成七大类，植保类无人机被划归为其中的V类。《轻小无人机运行规定（试行）》对无人机飞行进行了较为详细的界定，被认定为首部“无人机交规”，这也是对无人机管理规定的进一步完善。

在无人机驾驶员（业界也称操控员、操作手、飞手等）管理方面，为加强对民用无人机驾驶员的规范管理，促进民用无人机产业的健康发展，2018年8月民航局修订了《民用无人机驾驶员管理规定》。

第二章 飞防作业

一、飞防装备

目前，用于农林业航空植保的航空器种类多样，按照动力来源可分为燃油动力和电动两大类，两类装备各有优缺点，适宜不同区域飞防作业（表 2－1）。

表 2－1 燃油动力和电动航空植保飞机的优缺点及适宜作业区域

类型	优 点	缺 点	最适区域
燃油动力	载荷大，续航能力强，施药作业范围大，稳定运行时间长，单架次作业面积大，施药作业抗风能力较强	售价高，整体维护较难，发动机磨损和故障率较高，操作较复杂，飞行员培训难度大，起降场地限制，燃油燃烧不完全造成污染	多用于“人少地多”、规模化种植程度高的地区连片大面积施用农药作业
电动	易于操作和维护，成本较低，电池寿命较长，振动小，可以超低空喷药，轻便灵活，场地适应能力强	载荷小，续航时间短，抗风能力弱	适于“人多地少”、地形和作物种植结构复杂地区精细化施用农药

航空植保机按照机型结构，可分为固定翼、单旋翼和多旋翼植保航空器。其中，固定翼飞行器即日常所说的“飞机”，例如我国国产的 Y－11 固定翼植保飞机（图 2－1）。旋翼类飞行器可以垂直起降，包括常见的直升机和旋翼无人机。在航空植保领域，常见的

航空器包括：固定翼飞机、有人或无人驾驶直升机和多旋翼无人机。

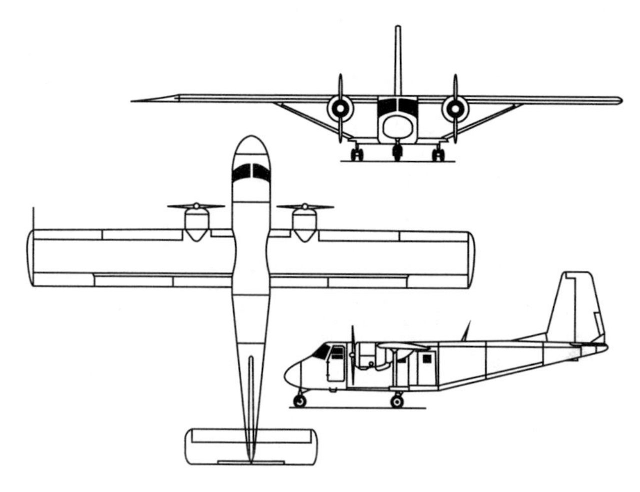

图 2－1 Y－11 固定翼飞机（魏刚等，2011）

（一）固定翼飞机

美国、俄罗斯、加拿大、澳大利亚、巴西等国航空植保首选的航空器为有人驾驶的固定翼飞机，其中常见飞机型号包括美国生产的 Air Tractor 系列、Piper Brave 系列和 Ayres Thrush 系列，俄罗斯的安－2 和安－24，巴西的依帕内玛系列等。我国现有大型农用飞机有 6 个机种 400 余架，主要在大面积垦区和农场使用，包括 M－18、AT－402B、Thrush 510G、Y－5、Y－11、Y－12、N－5、海燕－650C、GA－200 和 PL－12 等（表 2－2）。固定翼飞机的作业高度常在 2～20m，单架次作业能喷施数百至数千亩的面积。以海燕－650C 为例，该飞机在平原地区施药作业高度 2～8m，喷幅达 30m，超低容量喷雾作业情况下每架次可施药 $53hm^2$ 左右。

表 2-2 几种我国在用的航空植保固定翼飞机

产品型号	产地	机长（m）	翼展（m）	最大载荷（kg）	空机重量（kg）	巡航速度（km/h）	航程（km）
Y-12	中国	14.86	17.24	1 700	4 700	240～250	1 400
海燕-650C	中国	7.64	14.90	250	850	120	600
阿若拉 SA60L	中国	6.90	8.60	260	340	220	1 200
PZL-M-18	波兰	9.47	17.70	4 200	2 710	200	970
AT-402B	美国	8.23	15.54	2 336	1 950	230	1 062
Thrush 510G	美国	10.35	14.47	4 763	2 177	145～241	1 287
安-24	苏联	23.53	29.20	5 500	13 300	450	2 400
安-2	苏联	12.74	18.18	1 240	5 250	140～220	1 800
GA-200	澳大利亚	7.48	11.93	930	770	185	740
PL-12	澳大利亚	6.50	12.50	1 864	850	120～137	1 297

数据来源：Y-12、安-24、安-2、阿若拉 SA60L 主要来自百度百科；PZL-M-18 主要来自 military. wikia. org/wiki/PZL-Mielec _ M-18 _ Dromader；AT-402B 主要来自 www. thrushaircraft. com/en；Thrush 510G 主要来自 www. thrushaircraft. com/en/aircraft/510g；PL-12 主要来自 www. simpleplanes. com/a/TOp605/Transavia-PL-12-Airtruk。

（二）无人直升机

旋翼类飞行器在空中飞行的升力由一个或多个旋翼与空气相对运动获得。现代航空植保中使用的旋翼类航空器包括单旋翼带尾桨直升机、双旋翼共轴直升机和多旋翼无人机。目前，航空植保直升机包括：有人驾驶直升机（燃油动力）、燃油动力无人直升机和电动无人直升机。

在“地少人多”地区和地貌不平整地区，不适合固定翼飞机进行喷药作业，直升机作业更为合适。航空施药有人驾驶直升机旋转翼直径常为 8～12m，喷施农药作业飞行高度在 8～13m，速度

60～80km/h，有效喷幅 27m 左右。有人驾驶直升机常为通用型直升机挂载喷药相关装置进行航空植保作业。

然而有人直升机喷施农药易导致飘移污染、安全事故等突出问题。1983 年，日本农林水产省决定引入无人直升机用于航空植保，并委托雅马哈公司研制适用的无人直升机。目前日本航空植保以无人直升机为主，多为燃油动力，无人直升机旋转翼直径约 3m，喷药的飞行高度 3～4m，速度 10～20km/h，有效喷幅 5～7.5m，10min 可喷施 1.3hm^2 农田。

近年来，我国植保无人直升机发展迅猛，各种燃油动力无人机商品型号超过 40 个，如 Z-3N、AF-811、Servoheli-120、V-750、CD-15 等。

以 Z-3N 为例，其载药量 30kg，有效喷幅 8～10m，喷药高度 3～6m，1d 可以作业 8h，喷药流量为每分钟 0.1～3L，施药飞行速度为 4～6m/s；全丰 3WQF120-12 作业载荷 12kg，每架次 10～15min可喷洒 1.33～1.67hm^2，每天作业能力可达 26.67～40.00hm^2；飞行高度 2～4m，有效喷幅 5～8m；喷药流量 1.44～1.89L/min；汉和 CD-15 燃油动力植保无人机（图 2-2），载药量 15kg，有效喷幅 4～6m，喷药飞行速度 5～6m/s，喷药效率每分钟 0.13hm^2，工作12～15min可以喷施 1.33～2.00hm^2 农田，喷药燃油成本每公顷约 7.5 元。

此外，有一些植保无人机采用电池提供动力，其药箱容量多的达到 17L，续航时间长的可达 35min。例如高科新农 HY-B-15L 型单旋翼电动无人机（图 2-3），药箱容量 16L，有效喷幅 4～7m，施药高度 1～3m，续航时间 33min，连续喷药时间 10～15min，喷药流量每分钟 1～1.5L，喷药飞行速度 3～8m/s。汉和水星 1 号电动植保无人机（图 2-4），作业载荷 20kg，有效喷幅 6～7m，作业飞行速度 1～7m/s，每架次可喷施 2.00～2.67hm^2，每小时作业 8.00～10.67hm^2。

图 2-2 汉和 CD-15 燃油动力植保无人机

图 2-3 高科新农 HY-B-15L 型单旋翼电动无人机

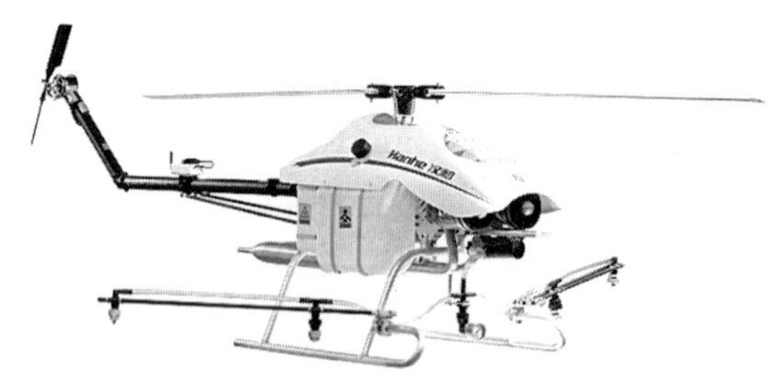

图 2-4 汉和水星 1 号电动植保无人机

(三) 多旋翼无人机

多旋翼无人机以 3 个或偶数个对称非共轴螺旋桨对空气相对运

动产生推力实现无人机在空中运动或悬停、垂直起降，受场地限制小。我国植保无人机以多旋翼类型的型号居多，2016 年已经有 168 个型号，占全部植保无人机型号总数的 72%。多旋翼植保无人机施药高度多为 1～3m。按照旋翼数量来分，我国多旋翼植保无人机最常见的有 4 旋翼、6 旋翼、8 旋翼、12 旋翼。

我国 4 轴 4 旋翼植保无人机型号众多，如极飞 P30 型（图 2－5），其机身尺寸为 1 945mm×1 945mm×440mm，最小运输尺寸为 1 252mm×1 252mm×390mm，最大载药量 15kg，4 离心雾化喷头作业，雾化颗粒直径 85～140μm，最大喷药流量 5.6L/min，最大飞行速度 12m/s，有效喷幅 3.5m，单次飞行最大作业面积 $2hm^2$，作业效率每小时 $5.3hm^2$，电池循环寿命超过 300 次。

图 2－5 极飞 P30 型 4 旋翼植保无人机

汉和金星 25 型（图 2－6），机身尺寸 1 250mm×1 250mm×647mm，折叠后尺寸 691mm×670mm×647mm，药箱容量 22L，作业飞行速度 1～7m/s，有效喷幅 6～7m，共 4 个喷头，喷药流速 2.3～7.4L/min，雾滴直径 120～200μm，每小时作业 10.0～$13.5hm^2$。

图 2-6 汉和金星 25 型 4 旋翼植保无人机

我国 6 旋翼无人植保机也有较多型号，如大疆 T20 型（图 2-7），其全部展开尺寸为 2 520mm×2 212mm×720mm，机臂折叠尺寸为 1 100mm×570mm×720mm，药箱容积 20L，作业飞行速度 1～7m/s，配有 8 个施药喷头，喷药流量 0.25～20L/min，雾化粒径 130～250μm，续航能力 10～18min，有效喷幅 4～7m（飞行高度 1.5～3m），电池安全循环次数达到 600 次。每小时作业面积可达 30hm^2。全球鹰 A001-DD10 型无人机（图 2-8），外形尺寸 1 672mm×1 648mm×430mm，药箱容积 10L，施药飞行速度 3～8m/s，续航能力 15～20min，配有 4 个施药喷头，有效喷幅 3.5～5.5m，作业效率每小时 3.3～4.0hm^2。

图 2-7 大疆 T20 型 6 旋翼植保无人机

我国8旋翼植保无人机也有较多型号，例如大疆MG-1P型（图2-8），其完全展开尺寸1 460mm×1 460mm×578mm，机臂折叠尺寸780mm×780mm×616mm，药箱容量10L，作业最大飞行速度7m/s，巡航时间9～20min，配备4个喷头，雾化粒径130～250μm，单个喷头喷药流量1.5～2.1L/min，有效喷幅4～6m，电池容量12 000mAh。全丰3WQFDX-10型，展开尺寸1 370mm×1 370mm×650mm，药箱容量10L，配备2个喷头，喷药流量1.5L/min，有效喷幅3.5～4.5m，最大飞行速度8m/s，续航时间≥10min，每架次喷药作业面积1.2～1.5hm²，电池容量16 000mAh。3XY5D8型8轴8旋翼植保机，展开尺寸1 300mm×1 300mm×400mm，运输尺寸600mm×600mm×850mm，药箱容量5L，有效喷幅3～5m，雾化粒径80～100μm，最大作业飞行速度7m/s，电池单次施药作业面积0.53～0.67hm²。

图2-8 大疆MG-1P型8旋翼植保无人机

此外，部分无人植保机为18旋翼，例如中农机3WFD-10型，药箱容量10L，飞行速度5～10m/s，续航时间15～30min，有效喷幅4.5m，喷药流量0.5～2.3L/min。

（四）机载喷药系统

按照单位面积667m² 喷洒药液的量来划分，常分为高容量喷雾系统、中容量喷雾系统、低容量喷雾系统、微量喷雾系统和超低容量喷雾系统几类。其中，高容量喷雾每公顷喷液量超过750L，例如我国东北地区水稻移栽返青后施用土壤封闭处理除草剂时，可以用粗喷雾的方法作业。中容量喷雾每公顷喷液量在187.5～750L，如稻、麦田喷施除草剂多采用中容量喷雾。低容量喷雾每公顷喷液量在37.5～187.5L，常用于农作物叶面病虫害防控。微量喷雾每公顷喷液量在7.5～37.5L。超低容量喷雾又称为超微量喷雾，每公顷喷液量在0.15～0.75L。飞防喷药通常为微量喷雾或超低容量喷雾，根据防治对象的不同，适宜的农药雾滴粒径大小也不尽相同。一般防治飞行害虫要求粒径10～50μm，防治作物叶面爬行类的害虫及幼虫要求粒径30～150μm，喷施杀菌剂防治病害要求粒径30～150μm，喷施除草剂适合粒径为100～300μm。

农药喷施系统通常由药箱、液泵、喷头、喷杆和输液管5个部分组成（图2-9），飞防喷施系统与普通植保器械的不同之处在于其具有由喷洒控制板和控制线组成的遥控控制系统。

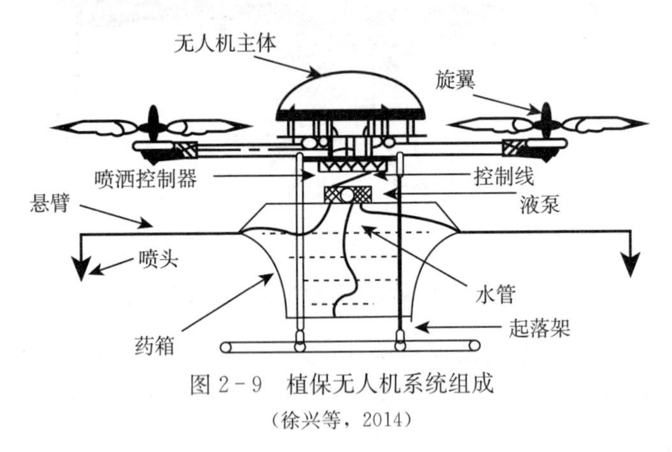

图2-9 植保无人机系统组成

（徐兴等，2014）

药箱一般安装在飞机下部，其安装位置不能影响飞机飞行作业的稳定性，药箱的材料要具有抗腐蚀性，并且在保证强度的基础上尽可能减轻重量以便于增加载药量。此外，药箱的载药容量不能超过飞防飞机的负荷能力。药箱内还要有液位传感器，实时监测药箱内药液量，并且当药液不足时能自动控制液泵停止工作。

喷头按雾化方式分为液力雾化喷头和离心雾化喷头。液力雾化喷头的优点是药液下压力大，穿透性强，产生的药液飘移量较小，不易因高温、低温等蒸发散失，且液力式喷头结构相对简单，成本较低；劣势是雾滴直径均匀度差，而且喷头容易堵塞，尤其是喷可湿性粉剂时。离心雾化喷头的优势是药液雾化均匀，雾化效果好，雾滴直径均匀度好；劣势是离心喷头喷雾雾滴由径向喷出，完全凭借无人机的风场下压，相比较压力喷头而言飘移风险更高，对于高秆作物和果树来说效果差一些，且离心喷头的配件易出问题，电机容易损坏，寿命较短。因此，单旋翼植保无人机选用液力雾化喷头较好，喷液时的下压力大，配合单旋翼强劲风场，药液的穿透性强，能到达作物上、中、下层及背面。另外，高密度的作物喷洒作业时，液力雾化喷头更适用，效果会更好。如作物密度较低或者对雾化效果要求较高时，离心雾化喷头更适用。

药液泵的功能是将药液从药箱内泵入水管和喷头，控制系统可以通过控制药液泵压力来控制喷雾流量。植保无人机药液泵常见的有压力泵和蠕动泵两类。例如，大疆 MG－1P 无人机采用压力泵，通过高精度智能控制，可以实现定速、定高飞行和定流量喷洒。极飞 P20 无人植保机采用蠕动泵，其由驱动器、泵头和软管三部分组成，蠕动泵是通过转动的辊子使软管蠕动来控制药液输送，可以通过调整驱动器的转速来控制通过软管的流量大小，实现精准喷洒及变量喷洒。

输液管是输送药液的通道，它将药箱、水泵、流量计、喷头等喷洒系统的部件串联在一起。输液管通常要求耐腐蚀、抗老化、弹性好、不易弯折，采用压力泵的喷洒系统需耐高压的输液管，而采用蠕动泵的喷洒系统需用韧性好的输液管。

喷杆一般安装在无人机机架上，并将喷头固定其上。喷杆材料要求在保证强度的基础上尽量减轻重量，以便于提升载荷。一些无人植保机喷杆设置为可折叠式。

二、飞防农药

（一）飞防适用农药特点

常规喷施农药的喷液量每667m² 在30～50L，农药稀释倍数多为3 000～5 000倍，作业高度通常在0.3m以内。而飞防喷施农药的喷液量一般每667m² 0.5～1.0L，农药稀释倍数多为30～100倍，作业高度常在2～8m。因此，飞防施药作业受温度、湿度、风速、喷液压力、飞行速度、飞行控制质量等因素影响大，药剂雾滴容易飘失和蒸发。

针对飞防技术特点，飞防适用农药除了需要满足常规应用农药的一般性要求外，还需要满足以下的要求：

（1）高浓度下安全高效。由于飞防使用的浓度大，因此要求高浓度药剂不仅对作物安全，而且要充分考虑其对人员、非靶标生物、施药区附近作物的毒性及对水源、大气等环境的安全性。目前，国内飞防上用过的农药产品涵盖了杀虫杀螨剂、除草剂、杀菌剂、植物生长调节剂等各种类型。

（2）抗挥发和抗飘移。在风的作用下，直径150～200μm的雾滴容易飘失，不仅造成防效下降，而且可能会导致污染和飘移药害。如果药剂在抗挥发和抗飘移方面不佳，可以加入专用飞防助剂或设置不施药缓冲区。

（3）闪点高。农药制剂的闪点高则不易燃，因而在加工、储藏、运输和使用中安全性较好。与常规喷雾不同的是，飞防喷雾状态下，在飞机机体的下方形成雾滴气团，在静电摩擦下有发生燃烧的可能性。因此，一般要求飞防农药制剂的闪点在70℃以上。

（二）飞防适用农药剂型特点

当前，市场上用于飞防的专用农药制剂较少，生产中飞防用药大部分还是常规剂型。主要选择粒径较小的液态制剂，如悬浮剂、乳油、微乳剂、超低容量液剂等，以及水溶性较好的水分散粒剂等固体制剂。在配药过程中应使药液充分溶解，搅拌均匀。可湿性粉剂溶解性不佳，不推荐用于飞防。总体而言，对飞防农药剂型有一些特殊要求：

（1）能够高浓度稀释而不容易堵塞喷头的制剂，含有粉剂类的农药剂型一般不适用于飞防。

（2）目前国内飞防主要通过喷雾施药，通过毒土法、毒水法、拌肥撒施农药（如一些稻田用除草剂）和甩施、粗喷雾的农药，以及通过抛投入田后随田水扩散的颗粒剂、大粒剂、片剂等剂型农药目前还不适用于飞防喷施，在将来可能适用于无人机飞撒。

（3）桶混农药之间相容性好。对于含有2种以上不同制剂混合飞防喷施时，要求先试验证实过在飞防作业浓度下相容性好，且要求在飞防施药稀释倍数下及田间作业时间内不发生分层、析出和沉淀。

（4）沉积性能好。飞防雾滴落到植物表面后能较好地黏附其上，从而提高农药利用率。

（5）药剂的黏度低利于在飞防喷施后药液达到较高的分散度，表面张力小利于其在靶标上的附着。

（6）对含有有机溶剂的农药制剂，要求有机溶剂低毒且密度较大。

超低容量液剂为飞防专用剂型。目前我国登记在水稻、小麦田使用的超低容量液剂农药产品共有18个（表2-3），其中2个专供出口。在16个国内使用的超低容量液剂农药产品中，8个为水稻田杀虫剂，5个为水稻田杀菌剂，2个为小麦田杀虫剂，1个为小麦田杀菌剂。

表2-3 我国登记在稻、麦田使用的超低容量液剂农药

农药名称	有效成分含量（%）	靶标稻、麦有害生物	每667m^{2}用量（mL）	登记证号
呋虫胺	3	稻飞虱	100～200	PD20182484
烯啶虫胺	5	稻飞虱	80～120	PD20171283

（续）

农药名称	有效成分含量（%）	靶标稻、麦有害生物	每 667m² 用量（mL）	登记证号
甲维·茚虫威	6	稻纵卷叶螟	33～40	PD20182482
茚虫威	3	稻纵卷叶螟	100～200	PD20171557
甲氨基阿维菌素苯甲酸盐	1	稻纵卷叶螟	100～200	PD20151781
氯虫苯甲酰胺	5	稻纵卷叶螟、二化螟	30～40	PD20183948
阿维菌素	2	稻纵卷叶螟、小麦红蜘蛛	50～60（水稻） 40～80（小麦）	PD20171507
二嗪磷	20	水稻二化螟	200～250	PD20182176
阿维·噻虫嗪	4	小麦蚜虫	80～105	PD20184101
噻虫嗪	3	小麦蚜虫	50～100	PD20181057
氟虫腈	4	专供出口	/	PD20060053
戊唑醇	3	水稻稻曲病	100～200	PD20160999
噻呋·氟环唑	6	水稻纹枯病	67～100	PD20183950
苯醚甲环唑	5	水稻纹枯病	100～200	PD20161195
嘧菌酯	5	水稻纹枯病	100～200	PD20152045
唑醚·戊唑醇	10	小麦白粉病	80～100	PD20181029

注：数据来源于中国农药信息网（2020-04-27）。

（三）飞防助剂

飞防药剂配制中适当添加飞防助剂后，药液的动态表面张力、黏度等性质发生变化，进而影响药剂的沉降、飘飞、附着、蒸发等性能，从而提高农药利用效率。目前，在用飞防喷雾助剂主要为高分子聚合物、油类助剂和有机硅等，选择飞防助剂时，应优先考虑低用量、高效能、对环境友好、易于生物降解的助剂。飞防配药中加入农药助剂的作用主要包括：

（1）促进雾滴沉降，减少药剂雾滴的滞空时间，加速沉降至靶标位置。

（2）提高雾滴的抗飘移能力，减少飞机下压气流带来的干扰，改善雾滴粒径均匀性，增强雾滴在作物上、中、下层的沉积分布。

（3）减缓雾滴蒸发，延长药剂在靶标表面的作用时间，提高农药作用效果。

（4）提高雾滴的附着力，改进雾滴的润湿和展着性，减少飞机下压气流对雾滴沉降附着的干扰。

（5）降低雾滴表面张力，减小雾滴与靶标对象的接触角，促进药液浸润、展着和渗透，促进农药吸收。

（6）提高耐雨水冲刷的能力，提高农药在叶面的滞留能力，促进吸附和吸收，提升药剂的持效性。

（7）提高混配制剂的稳定性。飞防施药常常多种农药混配，加入特定助剂可以增强混配农药体系的稳定性，达到稀释均匀的目的。

因此，添加适当种类和适量助剂对于提高飞防效果具有重要意义。

三、飞防操作技术

（一）飞防作业流程

1. 确定飞防任务

确定飞防作业地点，明确当地飞防作业前后一周内的气温、降雨、风力等天气情况，选定合适的时间进行飞防作业；明确作业田间的作物及其生育期、生长势、靶标有害生物发生情况等，查验拟用于飞防喷施的药剂及相关的助剂，明确飞防喷施药液的配置方法，针对相关的药剂预测飞防作业的可能效果和作业效率及潜在风险。

2. 测绘飞防田块

勘察作业田间的地势、地貌（障碍物分布），确定田间不适宜进行飞防作业区域。进行作业田间测绘，测定作业区域边界和面积，设置障碍物点，规划飞防作业路线，设定飞防航线。

3. 确定飞防作业小组

确定飞防作业任务并完成勘察和测量作业后，根据实际情况，确定飞防作业小组并完成无人机及相关人员配备和任务分工，调试飞防设备，准备好飞防作业相关的各种物资和应急处理预案、备用设备和物资等，落实无人机充电场地和设备安排。

4. 飞防作业

作业小组应提前到达作业田间进行飞防作业前的准备工作，例如检查携带的设备及物资是否齐全且状态正常，熟悉地形，检查飞行航线路径有无障碍物（如电杆及电线、树木等）、飞机起降点是否合适、作业航线基本规划是否合理等。飞防作业条件具备后，配制飞防药剂，启动飞防作业。

5. 作业后设备检查及清洗

完成飞防作业后应清洗保养飞机，检查相关的软件系统、各种物资消耗（农药、电池等），记录作业面积、飞行架次、用药量、作业效率等数据，分析实际完成作业与作业计划的吻合度，记录作业中的突发情况和应急预案执行情况等，完成作业记录。

（二）飞防注意事项

飞防施药涉及飞机飞行操作和农药使用两个方面，因此，不仅要考虑到飞防作业的安全性、稳定性和可持续性，也要考虑农药使用的安全性和有效性。

1. 农药使用注意事项

飞防施药前应充分考虑田间各种要素情况，选用合适的农药及助剂产品，仔细阅读相关产品标签，确定施药操作的用量、配制方法、喷液量等技术细节。飞防药剂尽量避免粉剂类农药。农药应现配现用，尤其是对易分层、沉淀的药剂，通常配好的农药应在3h内完成喷施。应仔细阅读农药标签，避免拟喷施农药产品的混配禁忌。飞防药液混配的顺序应准确，叶面肥与农药等混配的顺序通常为：微肥、水溶肥、水分散粒剂、悬浮剂、微乳剂、水乳剂、水剂、乳油，依次加入，每加入一种即充分搅拌混匀，然后再加入下一种，原则上不超过3种。如果确实需要使用可湿性粉剂，其混配次序建议在水分散粒剂之前。配农药的水应较为干净，不可用含杂质较多、浑浊的水配农药。施用农药时应充分考虑天气因素对药效和安全性的影响，例如，风大易导致农药飘移较重，风速超过5m/s时不宜进行喷液飞防作业。下雨天不宜进行飞防作业，喷液时空气相对湿度宜在60%，高温和烈日下不宜施药。

2. 人员安全防控

施药操作时，飞手与植保机保证一定的安全距离，穿戴防护服和口罩，避免无关人员靠近；有风时飞手要站在上风口方向施药；完成飞防作业后要及时更换服装，清洗自身。如果飞手不慎将农药溅入眼睛或皮肤上，应及时用大量清水反复冲洗；如出现头痛、头昏、恶心、呕吐等农药中毒症状，应立即停止作业，离开施药现场，脱掉污染衣服并携带农药标签前往医院就诊。

3. 植保器械维护

工作结束后回收剩余药液，及时清洗植保机喷药系统，清洗器械的污水应妥善处理，防止污染饮用水源、鱼塘、其他作物田块等，避免环境和水体污染、作物药害等。总之，专业的植保无人机和农药产品均有详细的操作指南、注意事项和安全须知等内容，飞防作业相关人员务必事先仔细阅读这些材料，按照说明进行飞防作业。

第三章 稻麦田主要病虫草害飞防技术

一、水稻主要病害飞防技术

水稻病害严重威胁我国稻米生产。水稻病害种类很多，全世界有近百种，我国正式记载的有70多种。其中稻瘟病、纹枯病和白叶枯病发生面积大，流行性强，危害严重，曾是我国水稻上主要的三大病害。近年来由于耕作制度的变化和品种的更换，稻曲病取代白叶枯病成为水稻新的三大病害之一。新三大病害流行规律复杂，防治难度较大。稻瘟病菌具有许多生理小种，使水稻品种抗病性不能持久稳定，而对纹枯病和稻曲病，目前生产上尚缺乏有效的高抗品种。因此，水稻新三大病害是目前主要的防治对象。水稻恶苗病、干尖线虫病为种传病害，在局部地区发生严重。水稻病毒病如条纹叶枯病、黑条矮缩病、南方黑条矮缩病，近年来在华东、华南、西南、华中等稻区发生不断加重。这类病害主要由稻飞虱传播，发生和流行具有间歇性、暴发性的特点，需加强对这类病害的监测和防治。随着南繁制种工作的广泛开展以及新品种、杂交稻的推广，水稻细菌性条斑病等发生日趋普遍，严重影响水稻后期灌浆结实。

（一）稻瘟病

稻瘟病（rice blast）是世界范围内的水稻主要病害之一（图3-1）。据统计，全世界有70多个国家稻区发生该病害，平均每年造成水稻减产10%左右。在我国，各稻区稻瘟病常有发生，年均为害面积达400万hm^2以上，导致的产量损失在200万t以上。

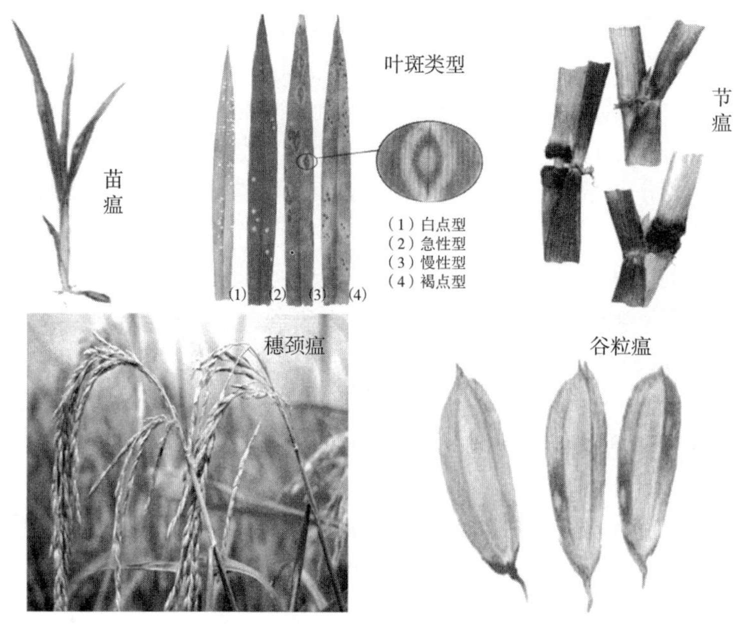

图 3－1 稻瘟病

稻瘟病可以发生在水稻的各个生育期，根据发生时期和部位不同，可分为苗瘟、叶瘟、叶枕瘟、节瘟、穗瘟、穗颈瘟、枝梗瘟和谷粒瘟。稻瘟病无论在哪个部位发生，其诊断要点是病斑具有明显褐色边缘，中央灰白色，遇潮湿条件，病部生灰绿色霉状物（分生孢子梗和分生孢子）。

稻瘟病的病原为稻巨座壳（*Magnaporthe oryzae*），隶属于子囊菌门巨座壳属。其无性阶段为稻梨孢（*Pyricularia oryzae*），属于子囊菌无性型梨孢属。稻瘟病菌菌丝生长温度为 8～37℃，生长适宜温度为 28℃。分生孢子萌发温度为 15～32℃，最适温度为 25～28℃。在水稻叶片上，稻瘟病菌菌丝最适在 93％的相对湿度条件下生长，而只有相对湿度在 93％以上时，病斑上才可能产生分生孢子，相对湿度越大，产孢率越高。

在田间，稻瘟病菌以无性阶段完成病害循环。在温带稻区，稻瘟病菌以分生孢子和菌丝体在稻草和稻种上越冬，成为来年的初侵染源。越冬后的孢子可以直接萌发侵入水稻植株，越冬后的菌丝体在潮湿条件下产孢。分生孢子借气流传播，在湿润条件下，分生孢子与寄主表面接触时尖端释放出一滴孢尖黏液，帮助孢子附着。分生孢子落于稻株后，在有水膜的条件下，萌发形成附着胞，附着胞借助胞内产生的机械膨压穿透寄主表面，侵染钉在穿透植物角质层和细胞壁后，膨大形成初级侵染菌丝，随后分化成次级侵染菌丝。

目前，我国登记用于防治稻瘟病，且生产上应用较多的药剂主要有：三环唑、稻瘟灵、稻瘟酰胺、嘧菌酯、吡唑醚菌酯、肟菌酯、戊唑醇、己唑醇、咪鲜胺、丙环唑、氟环唑、烯丙苯噻唑、三唑醇、丙硫唑、代森铵、三乙膦酸铝、敌瘟磷、春雷霉素、枯草芽孢杆菌等单剂及其复配剂。

防治技术：

（1）种子处理　使用24.1％肟菌·异噻胺种子处理悬浮剂按每千克种子15～25mL拌种，充分搅拌，直到种子均匀着药后，摊于通风阴凉处晾干待播。

（2）药剂飞防　可选择三环唑、稻瘟灵、稻瘟酰胺、吡唑醚菌酯、肟菌酯、丙环唑、氟环唑等药剂及其复配制剂，选用水乳剂、悬浮剂、水分散粒剂、微囊悬浮剂等剂型（吡唑醚菌酯只能选用微囊悬浮剂），按照农药产品标签标注的登记剂量使用。秧田和大田勤查病情，2～3叶期是防治苗瘟的关键时期，分蘖期根据品种抗性和气候条件巧治叶瘟，破口期是防治穗颈瘟的关键时期。飞防用水量每667m^2 1kg（用药量为标签标注的剂量。下同），应保证药液量并注意添加沉降剂。

（二）稻曲病

稻曲病（rice false smut），又称伪黑穗病、谷花病、青粉病（图3-2），现已广泛发生于世界各水稻栽培区，其中在中国、日本、印度、菲律宾等国发病较为严重。稻曲病通常在中、晚稻和杂交水稻上发生，造成的病穗率为0.6％～56％，每个病穗上一般有病粒1～10粒，多者达30～50粒。水稻感染稻曲病后，不仅严重影响病粒本身，还影响邻近谷粒的营养，导致千粒重下降，瘪谷增加，减产可达20%～30%，甚至更高。此外，稻曲病病粒含有对人畜有害的毒素，用混有稻曲病病粒的稻谷饲喂家禽，可引起家禽慢性中毒。

图3-2　稻曲病

1. 发病前期　2. 发病中期　3. 发病后期

（长箭头：稻曲球；短箭头：菌核）

稻曲病仅为害穗部。病原菌侵入谷粒后，在颖壳内产生菌丝包裹花器官，后菌丝逐渐扩大形成菌丝块，并突破内外颖壳。病菌菌丝在寄主组织内经10～15d的潜育期后即可引致稻粒发病形成稻曲球。初期的稻曲球淡黄色，表面光滑，有一层被膜包裹。长到一定程度后，被膜破裂并伴随着大量厚垣孢子释放。稻曲球开始是黄色，然后颜色逐渐变为黄绿色、墨绿色至黑色，最后病粒外面覆盖一层黑色厚垣孢子粉。气候条件适宜时，有的稻曲球可以在两侧形成扁平或马蹄状的菌核，一般长1～2cm，质地较硬，易于脱落。

稻曲病菌病原物有性阶段为稻麦角菌（*Villosiclava virens*），属子囊菌门麦角菌属；无性阶段为稻绿核菌（*Ustilaginoidea virens*），属子囊菌无性型绿核菌属。病菌在24～32℃发育良好，26～28℃最适，低于12℃或者高于36℃不能生长。

稻曲病菌以厚垣孢子附着在病粒上或落入田间越冬，也可以菌核在土壤中越冬，成为第二年的初侵染来源。翌年水稻幼穗分化末期，在适宜的条件下，厚垣孢子萌发产生分生孢子借风雨传播到稻穗侵入；或者菌核萌发产生子座，形成子囊壳释放子囊孢子，子囊孢子萌发产生分生孢子进行侵染。

目前，我国登记用于防治稻曲病，且生产上应用较多的药剂主要有：戊唑醇、己唑醇、丙环唑、咪鲜胺、苯醚甲环唑、氟环唑、嘧菌酯、肟菌酯、井冈霉素 A、蛇床子素、申嗪霉素、枯草芽孢杆菌、解淀粉芽孢杆菌等单剂及其复配剂。

飞防技术：

可选择丙环唑、戊唑醇、己唑醇、咪鲜胺、苯醚甲环唑、氟环唑、嘧菌酯、肟菌酯、井冈霉素 A、枯草芽孢杆菌等药剂及其复配制剂，选用水剂、水乳剂、悬浮剂、水分散粒剂、微囊悬浮剂等剂型，按照农药产品标签标注的登记剂量使用。可于孕穗末期（破口前 7d 左右）施药，若抽穗期多阴雨，根据天气情况在破口期施第 2 次药。飞防每 667m^2 用水 1kg，应保证药液量并注意添加沉降剂。

（三）水稻纹枯病

水稻纹枯病（rice sheath blight）广泛分布于世界各稻区。在我国，水稻纹枯病发生普通，南北稻区均有分布，以长江流域和南方稻区为害较重。20 世纪 70 年代以来，随着氮素化肥用量增加，加之矮秆、多蘖、密植的高产栽培，该病为害趋势加重。植株发病后，轻者可造成叶鞘和叶片提早枯死，影响谷粒灌浆，形成大量秕谷，重者可使水稻不能正常抽穗，甚至整株腐烂枯死，严重影响水稻产量。一般减产 15%～20%，重病田可达 60%～70%，成为水稻高产稳产的严重障碍。

水稻纹枯病从秧苗期至穗期均可发生，以分蘖盛期至穗期受害最重，主要侵染叶鞘、叶片，严重时可侵染茎秆并蔓延至穗部（图 3－3）。叶鞘发病，自近水面处叶鞘开始出现水渍状、暗绿色

斑点，逐渐扩展成云纹状褐色病斑；后期病斑中部枯白色，潮湿时呈深灰色，边缘褐色至暗褐色。叶片病斑与叶鞘病斑相似。高湿时，病部产生白色蛛丝状菌丝，最后形成暗褐色、菜籽状菌核。严重时后期病斑表面可见白粉状霉层（担子和担孢子）。

水稻纹枯病菌无性阶段为立枯丝核菌（*Rhizoctonia solani*），隶属担子菌无性型丝核菌属；有性阶段为瓜亡革菌（*Thanatephorus cucumeris*），属担子菌门亡革菌属。病菌菌丝生长发育温度为10～36℃，最适温度为28～32℃。在适温下，如有水分，病菌经18～24h即可完成侵入。菌核萌发需96%以上的相对湿度。

水稻纹枯病菌主要以菌核在土壤中越冬，同时也可以菌丝和菌核在病稻草、田边杂草及其他寄主上越冬。田间的菌核为翌年主要初侵染源。在适温高湿的条件下，菌核萌发长出菌丝；菌丝在叶鞘上蔓延，先形成附着胞，经气孔或直接突破表皮侵入。病菌侵入后，潜育期1～5d。病菌在稻株组织中不断扩展，并向外长出气生菌丝，对邻近的叶鞘、叶片和稻株进行再侵染。一般在分蘖盛期至孕穗期，主要于株间横向扩展（称为水平扩展），导致病株率增加。孕穗后期至蜡熟期，菌丝在叶鞘内侧生长，由稻株下部向上部蔓延（称为垂直扩展），病情严重度增加。

图3-3 水稻纹枯病

目前，我国登记用于防治水稻纹枯病，且生产上应用较多的药剂主要有：噻呋酰胺、氟环唑、戊唑醇、己唑醇、丙环唑、苯醚甲环唑、三唑醇、丙硫唑、嘧菌酯、醚菌酯、吡唑醚菌酯、肟菌酯、井冈霉素 A、多抗霉素、申嗪霉素、嘧啶核苷类抗菌素、低聚糖素、蛇床子素、枯草芽孢杆菌、蜡质芽孢杆菌等单剂及其复配剂。

防治技术：

（1）种子处理　可用 19%噻呋酰胺拌种，每千克种子用药 10～16g，加少量水拌匀。

（2）药剂飞防　可选择噻呋酰胺、戊唑醇、己唑醇、丙环唑、苯醚甲环唑、氟环唑、嘧菌酯、肟菌酯、井冈霉素 A、枯草芽孢杆菌等药剂及其复配制剂，选用水剂、水乳剂、悬浮剂、水分散粒剂、微囊悬浮剂等剂型，按照农药产品标签标注的登记剂量使用。水稻分蘖末期为防治的关键期，丛发病率达 5%，或拔节至孕穗期丛发病率达 10%～15%时，及时施药。飞防每 667m^2 用水 1kg，应保证药液量并注意添加沉降剂。

（四）水稻白叶枯病

水稻白叶枯病（rice bacterial leaf blight）最早于 1884 年在日本福冈县发现，目前世界各稻区均有发生，已成为亚洲和太平洋稻区的重要病害。在我国，以华东、华中和华南稻区发生普遍，危害较重。水稻受害后，叶片干枯，导致瘪谷增多，米质松脆，千粒重降低，一般减产 10%～30%，严重时减产 50%以上，甚至颗粒无收。

水稻白叶枯病在各生育期均可发生，苗期、分蘖期受害最重，各器官均可感染，叶片最易染病（图 3－4）。常见的典型症状类型是叶枯型（叶缘型或中脉型），有时也表现为急性型、凋萎型、黄化型等症状。叶枯型多从叶尖或叶缘开始发病，初为暗绿色水渍状短侵染线，很快变成暗褐色，在周围形成黄白色病斑，后沿叶脉或叶缘向下扩展，转为黄褐色，最后呈枯白色。

水稻白叶枯病病原为水稻黄单胞菌白叶枯变种［*Xanthomonas oryzae* pv. *oryzae*（Ishiyama）Zoo］，隶属薄壁菌门黄单胞菌属。病菌菌体细胞单生，短杆状，单鞭毛。革兰氏染色反应阴性。病菌生长温度范围 5～40℃，最适生长温度 25～30℃。

图 3-4　水稻白叶枯病

1. 病株　2. 病叶前期　3. 病叶（粳稻）　4. 病叶（籼稻）
5. 病部菌胶　6. 病原细菌

带菌种子和病稻草是水稻白叶枯病的主要初侵染源，老病区以病稻草为主，新病区以带菌种子为主。越冬的病菌随水流传播到秧苗，从叶片的水孔、伤口，茎基和根部的伤口，以及芽鞘和叶鞘的变态气孔侵入。侵入后可在维管束中增殖而扩展到其他部位，从而引起系统性侵染。病菌在病株的维管束中大量繁殖后，从叶面或水孔大量溢出菌脓，遇水浸湿而溶散，借风、雨、露或流水传播进行再侵染。

目前，我国登记用于防治水稻白叶枯病的药剂主要有：代森铵、噻森铜、噻菌铜、氯溴异氰尿酸、三氯异氰尿酸、辛菌胺醋酸盐、中生菌素、枯草芽孢杆菌、解淀粉芽孢杆菌 LX-11 等。

防治技术：

（1）种子处理　清水浸种 12h 后，选用 40%三氯异氰尿酸可湿性粉剂 300～600 倍液浸种 12h，清水洗净后再浸种 12h，催芽播种。

（2）药剂飞防　可选择代森铵、噻森铜、噻菌铜、解淀粉芽孢杆菌 LX-11 等农药及其混配制剂，选用水剂、水乳剂、悬浮剂、水分散粒剂等剂型，按照农药产品标签标注的登记剂量使用。秧田防治是关键，在秧苗 3 叶期和移栽前 5d 各喷药预防一次，带药下田。大田要及时喷药封锁发病中心，如气候有利于发病，实行普遍防治。台风、暴雨过后一定要立即全面打药防治。飞防每 667m^2 用水 1kg，应保证药液量并注意添加沉降剂。

（五）水稻细菌性条斑病

水稻细菌性条斑病（rice bacterial leaf streak）主要分布于南亚国家、西非国家和我国华南稻区及台湾省，是我国农业植物检疫性有害生物。20 世纪 80 年代以来，随着杂交稻的推广和南繁稻种的调运，病区逐年扩大。水稻感病后，千粒重下降，穗粒数减少，不能有效灌浆，一般减产 6%～40%，病害严重时减产 40%以上。

水稻细菌性条斑病主要危害叶片。病斑发生与扩展限制在叶脉间，初为暗绿色水渍状小斑，后扩展成为黄褐色略带湿润状的条斑，长可达 1cm 以上（图 3－5）。病斑上溢出大量串珠状黄色菌脓，干后呈小胶粒状。病斑边界清楚，对光观察呈半透明条斑。发病严重时条斑融合成不规则黄褐色至枯白色大斑。

水稻细菌性条斑病的病原物为水稻黄单胞菌栖稻致病变种［*Xanthomonas oryzae* pv. *oryzicola*（Fang et al.）Swings］，属薄壁菌门黄单胞菌属。病菌菌体短杆状，单生，偶成对，但不成链，有 1 根极生鞭毛。革兰氏染色阴性。生长适温 28～30℃。除了侵染水稻外，还可以侵染野生稻、茭白、李氏禾等禾本科其他植物。虽然细菌性条斑病菌和白叶枯病菌在遗传学、生理生化性状和生物学特性上有很高的相似性，但该菌与白叶枯病菌侵染水稻的途径、侵染部位和所致病害症状有显著区别，因而细菌性条斑病菌与白叶枯病菌为水稻黄单胞菌种的两个致病变种。

水稻细菌性条斑病菌在病稻谷和病稻草上越冬，成为翌年的初侵染源。带菌种子的调运是病害远距离传播的主要途径。病菌主要通过灌溉水和雨水接触秧苗，从气孔和伤口侵入，侵入后在气孔下繁殖、扩展到薄壁组织的细胞间隙，并纵向扩展，形成条斑。病斑上溢出的菌脓可借风、雨、露、水流及叶片之间的接触等途径传

播，进行再侵染。

图 3-5 水稻细菌性条斑病
1. 串珠状黄色菌脓 2. 半透明条斑（对光观察）

目前，我国登记用于防治水稻细菌性条斑病的药剂主要有：噻唑锌、噻菌铜、噻霉酮、氯溴异氰尿酸、三氯异氰尿酸、辛菌胺醋酸盐、丙硫唑、四霉素、解淀粉芽孢杆菌 LX-11、甲基营养型芽孢杆菌 LW-6 等。

防治技术：

（1）检疫措施 选用经过检疫的水稻种子。

（2）种子处理 清水浸种 12h 后，选用 40%三氯异氰尿酸可湿性粉剂 300～600 倍液浸种 12h，清水洗净后再浸种 12h，催芽播种。

（3）药剂飞防 可选择噻唑锌、噻霉酮、噻菌铜、解淀粉芽孢杆菌 LX-11 等药剂及其复配制剂，选用水剂、水乳剂、悬浮剂、水分散粒剂等剂型，按照农药产品标签标注的登记剂量使用。秧田防治是关键，在秧苗 3 叶期和移栽前 5d 各喷药预防一次，带药下田。大田要及时喷药封锁发病中心，如气候有利于发病，实行普遍防治。台风、暴雨过后一定要立即全面打药防治。飞防每 667m^2 用水 1kg，应保证药液量并注意添加沉降剂。

（六）水稻种传病害

1. 水稻恶苗病

水稻恶苗病（bakanae disease of rice）又称为徒长病、白杆病等，广泛分布于世界各稻区。恶苗病从水稻秧苗期到抽穗期均有发生，主要引起秧苗及成株徒长，发病秧苗常枯萎死亡，即使个别能抽穗结实，但穗小粒少，谷粒不饱满，对产量影响很大（图 3－6）。

图 3－6　水稻恶苗病

水稻恶苗病的病原菌无性阶段为子囊菌无性型镰孢属真菌（*Fusarium* spp.）；有性阶段为藤仓赤霉［*Gibberella fujikuroi* (Sawada) Wollenw.］，属子囊菌门赤霉属真菌。病菌菌丝生长发育温度为 3～39℃，最适 25～30℃，侵染寄主时以 25℃为最适。

带菌种子是水稻恶苗病的主要初侵染源。病菌以分生孢子或以菌丝体潜伏在种子内部越冬，其次以潜伏在稻草内的菌丝体或子囊壳越冬。在种子发芽后，病菌即可从芽鞘、根部或伤口侵入，并在植株体内进行半系统扩展，分泌赤霉素刺激细胞伸长，引起幼苗徒长，严重时引起苗枯。在病株和枯死株表面产生分生孢子，借风雨传播，侵染其他植株。

目前，我国登记用于防治水稻恶苗病，且生产上应用较多的药剂主要有：氰烯菌酯、咯菌腈、乙蒜素、精甲·咯菌腈、甲·嘧·甲霜

灵、氟环·咯·精甲、肟菌·异噻胺、甲霜·种菌唑等。鉴于不少地区恶苗病菌已对咪鲜胺产生较高水平抗性，应停用咪鲜胺浸种。

防治技术：

采取选用无病种子和播前种子处理为主的综合防治措施。

（1）温汤浸种　采用52～55℃温水浸种30min。

（2）药剂浸种或拌种　可选用20%氰烯菌酯悬浮剂2 000～3 000倍液、20%氰烯·杀螟丹可湿性粉剂800～1 600倍液、17%杀螟·乙蒜素可湿性粉剂200～400倍液，浸种24～48h，温度低时适当延长浸种时间，清水洗净后催芽播种；或每千克种子用62.5g/L精甲·咯菌腈悬浮种衣剂3～4mL、11%氟环·咯·精甲种子处理悬浮剂3～4mL、24.1%肟菌·异噻胺种子处理悬浮剂15～25mL、10%精甲·戊·嘧菌悬浮种衣剂2～3mL等，加水至20mL拌种包衣。

2. 水稻干尖线虫病

水稻干尖线虫病（rice white tip nematodal disease）一般表现为剑叶或其下第1叶和第2叶的尖端1～8cm处呈黄褐色半透明状干枯，后扭曲成灰白色干尖。病健交界处有一条弯曲的褐色界纹（图3-7）。

图3-7　水稻干尖线虫病

1. 病叶　2. 雌虫　3. 雄虫　4. 雄虫尾部

水稻干尖线虫病病原物为贝西滑刃线虫（*Aphelenchoides besseyi* Christie），属线形动物门滑刃线虫目滑刃线虫属。贝西滑刃线虫幼虫和成虫在干燥条件下存活力较强，在干燥稻种内可存活3年左右。耐寒冷，不耐高温，活动适温20～26℃。线虫迁移的最适温度为25～30℃，相对湿度越高，线虫迁移率越高。

水稻感病种子是初侵染源。病原线虫在谷粒的颖壳与米粒间越冬，借种子传播，从芽鞘或叶鞘缝隙侵入稻苗，附于生长点、腋芽及新生叶片尖端营寄生生活，以吻针刺入细胞吸食汁液致使被害叶形成干尖。随着稻株生长，线虫逐渐向上部移动。到幼穗形成时，线虫侵入穗原基，孕穗期集中在幼穗颖壳内外。线虫进入小花后繁殖迅速，然后逐渐失水进入休眠状态，造成穗粒带虫。

目前，我国登记用于防治水稻干尖线虫病且防效好的药剂主要有：杀螟丹。

防治技术：选用抗（耐）病品种、无病种子和播前种子处理为主的综合防治措施。

（1）温汤浸种　先将稻种在冷水中预浸24h，然后放在45～47℃温水中5min提温，再放入52～54℃温水浸种10min，取出立即冷却，催芽后播种。

（2）药剂浸种　选用6%杀螟丹水剂1 000～2 000倍液、20%氰烯·杀螟丹可湿性粉剂800～1 600倍液、17%杀螟·乙蒜素可湿性粉剂200～400倍液，浸种24～48h，温度低时适当延长浸种时间，清水洗净后催芽播种。

二、稻田主要虫害飞防技术

虫害是我国水稻生产中的重大生物灾害，我国水稻害虫种类超过600种，其中常在稻田造成严重危害的主要包括稻螟（大螟、二化螟、三化螟）、稻飞虱（褐飞虱、白背飞虱、灰飞虱）、稻纵卷叶螟，次要害虫主要包括稻蓟马、叶蝉、稻象甲等。虽然逐年数据表明我国对水稻虫害的防治已投入大量人力物力，但是由于气候变化、种植业结构调整、水稻品种改变、耕作制度变更，以及防治措施不合理等原因，导致水稻虫害的实际损失量和损失率仍呈波动增

长趋势。并且，近年大量境外入侵虫害的发生，如草地贪夜蛾、沙漠蝗等，给我国水稻生产同样带来极大威胁。

（一）大螟

水稻螟虫为鳞翅目昆虫，多以钻蛀茎秆危害水稻。大螟、二化螟、三化螟被称为我国稻田中的“三螟”，最近几年在我国部分稻区有回升现象。

大螟（*Sesamia inferens*），又被称为钻心虫或稻蛀茎夜蛾，夜蛾科（图3-8）。大螟雌蛾体长约15mm，翅展约30mm；雄蛾体长约11mm，翅展约26mm；卵块长20～23mm，宽约1.7mm，每块有卵40～50枚。幼虫5～7个龄期，初孵化时体长1.7mm，至蜕皮时体长约3.4mm；二龄幼虫体长3.3～6.6mm，三龄幼虫体长6.6～10mm，四龄幼虫体长10.0～15.0mm，五龄幼虫体长15.0～21.5mm，六、七龄幼虫体长21.5～26.4mm，蛹长11.0～16.5mm。大螟食性较杂，主要以水稻、小麦、玉米、高粱、甘蔗、茭白、稗草、油菜、香蕉、芦苇、薄荷等为食。常钻蛀水稻形成枯鞘、枯心、白穗、枯孕穗和虫伤株等症状。在我国大致分布于北纬34°以南，东至江苏滨海，西至四川、云南西部，南抵台湾、海南、广东、广西和云南南部。20世纪90年代中期以来，稻田大螟种群数量剧增，危害加重，上升为水稻上主要害虫之一。大螟的发生世代数，在云贵高原地区年发生2～3代，江苏、浙江、上海、安徽等地年发生3～4代，江西、湖北、湖南等地有4代发生，福建、广西等地4～6代，广东南部、台湾等地5～7代。以江苏地区为例，大螟以三龄幼虫在稻桩、杂草、玉米、茭白秸秆中越冬，在江西、广西等地能以蛹越冬。越冬代成虫4月中下旬始见，5月中旬盛发，一般有2～3个蛾峰。越冬代主要发生于春玉米和早稻等作物上。一代成虫6月下旬始发，7月上中旬盛发，部分迁入杂交稻、中粳、中籼、单晚和双晚稻，造成枯鞘、枯心。二代成虫8月初始见，8月中下旬盛发，有3～4个蛾峰。多集中于杂交稻、中粳、单晚稻稻田危害，造成白穗、枯孕穗和虫伤株，本代为主害代。暖秋年份9月上旬可见三代成虫，10月上旬盛发，主要危害晚稻。各代大螟生殖前期略有不同，平均为2～3d，雌虫一般夜晚将卵产于叶鞘内侧，多产于第2和第3叶鞘，孕穗期到抽穗期大螟喜产于剑叶鞘上及倒2叶鞘。大螟产卵还具有趋边性和趋稗习性，在水稻圆秆到孕穗期，卵多产于田边以及稗草上。幼虫一般经历6龄24～34d，少数为7龄。一龄幼虫群集取食鞘内，造成枯鞘；二龄、三龄转移蛀食稻茎，出现大量枯心；孕穗期，幼虫进入穗包内为害幼穗，抽穗后幼虫转移钻入穗茎，形成白穗和虫伤株。幼虫老熟时转移至稻株基部叶鞘中化蛹，少数化蛹于枯孕穗或稻茎中。大螟的防治指标为早稻枯鞘丛率10%，晚稻白穗或枯孕穗率0.36%。

图3-8 大螟成虫、幼虫和危害状

目前，我国在水稻螟虫（大螟）上登记的药剂主要包括：氯虫苯甲酰胺、苦参碱、水胺硫磷、乙酰甲胺磷、喹硫磷、敌百虫、杀虫双、杀虫单、杀螟丹、克百威、乐果、苏云金杆菌等。

就飞防技术而言，可选择氯虫苯甲酰胺、苦参碱、杀虫单、苏云金杆菌等农药及其混配制剂，选用水剂、水乳剂、悬浮剂、水分散粒剂等剂型，按照农药产品标签标注的登记剂量使用。防治时期为大螟卵孵化高峰后2～3d，首次防治在卵孵高峰前2d用药，二次防治在一次防治6～7d后；孕穗期防治白穗，在卵孵盛期2～4d后，或在破口期防治。根据大螟习性重点防治田边。飞防每667m^{2}用水1kg，应保证药液量并注意添加沉降剂和渗透剂。

（二）二化螟

二化螟（*Chilo suppressalis*，图3-9），雌蛾体长14.8～

16.5mm，翅展 23～26mm；雄蛾体长 13～15mm，翅展 21～23mm；卵块长 13～16mm，宽约 3mm，每块有数十至一二百枚卵。幼虫 5～8 龄不等，多数为 6 龄，一般一龄幼虫体长 1.6～3.3mm，二龄幼虫体长 3.3～6.6mm，三龄幼虫体长 6.6～10.0mm，四龄幼虫体长 10.0～14.8mm，五龄幼虫体长 14.8～20.0mm，六龄幼虫体长 20.0～23.0mm，七龄幼虫体长 23.0～26.0mm，八龄幼虫体长 26.0～30.0mm，蛹长 10～13mm。二化螟食性较杂，除了主食水稻外，还危害茭白、玉米、高粱、甘蔗、稗草、粟等禾本科植物。和大螟类似，造成水稻枯鞘、枯心、白穗、枯孕穗和虫伤株等症状。在我国大部分稻区均有分布，北起黑龙江，南至海南，东达台湾，西抵云南。20 世纪 50 年代初期曾在我国广大稻区发生严重，70 年代中期在江淮地区成为稻螟中的优势种群。二化螟的发生代数因各地气候差异、耕种制度和品种差异较大。在黑龙江西、北部和青藏高原等地二化螟无法完成 1 个完整世代，在黑龙江中南部和东北中部发生 1～2 代，在黄河、淮河流域年发生 2 代，在江苏、安徽、河南、湖北、浙江北部年发生 2～3 代，在浙江南部、江西、湖南、四川、云南中部有 3 代发生，在福建南部、广西、广东年发生 4 代。二化螟以 4～6 龄幼虫在稻桩、稻草、茭白、杂草中越冬，少数在土中越冬，越冬后转移至冬季作物茎秆中蛀食。江苏太湖地区越冬代蛾 4 月中下旬始见，5 月盛发，多蛾峰。一代蚁螟盛孵期 5 月下旬至 6 月下旬，蛾盛期 7 月中下旬。二代蚁螟盛期 7 月下旬至 8 月上旬，发生 2 代的稻区二化螟随后进入越冬阶段。而如果出现 3 代，一般在 8 月底到 9 月中旬产卵，该代幼虫发育缓慢，大多数情况不能形成完整生活周期。二化螟成虫具有较强趋光性和趋绿性，喜昼伏夜出，成虫羽化后当晚或次晚交尾，1～2d 产卵，每雌产卵 2～3 块，每卵块 40～80 粒，鱼鳞状。苗期和分蘖期多产于水稻第 1～3 叶片正面，抽穗期产于离水面 2～7cm 的叶鞘上。卵孵化后，蚁螟转向下移至茎秆或吐丝下垂至茎秆基部，蛀孔入叶鞘取食，幼虫老熟后转移至健株茎秆内或叶鞘内化蛹，一般化蛹部位距稻田水面 3cm 左右。二化螟对水稻的危害因水稻发育期不同而产生不同症状。苗期，蚁螟钻孔进入叶鞘，群集取食后 2～3d，叶鞘表面出现水渍黄斑，6～7d 后造成枯鞘。幼虫发育到三龄转移至稻茎危害，造成枯心苗。孕穗期，幼虫从茎部钻入，稻穗无法抽穗，形成枯孕穗。抽穗期，幼虫钻蛀或者咬断稻茎造成内部腐烂断裂，最终形成白穗；危害较轻、未咬断的稻茎稻穗发育受到影响，形成虫伤株。乳熟期，水稻被害造成虫伤株，易倒伏，造成减产。二化螟的防治指标为枯鞘丛率 5%～8%。

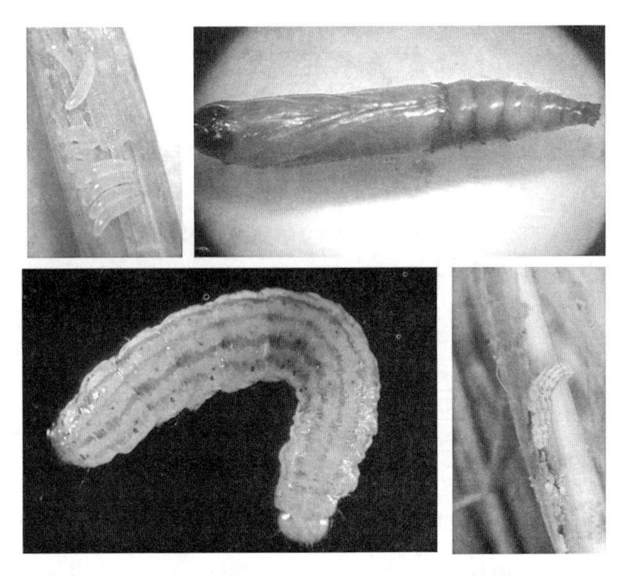

图 3-9 二化螟卵、幼虫、蛹及其危害（唐彦 供图）

目前，我国登记在水稻田防治二化螟的农药主要有：氯虫苯甲酰胺、溴氰虫酰胺、茚虫威、呋虫胺、甲氧虫酰肼、环虫酰肼、阿维菌素、甲氨基阿维菌素苯甲酸盐、多杀霉素、苏云金杆菌、金龟子绿僵菌 CQMa421、球孢白僵菌、杀螟丹、杀虫单、杀虫双、杀虫环、三唑磷、杀螟硫磷、喹硫磷、毒死蜱、二嗪磷、丙溴磷、稻丰散、乙酰甲胺磷、二嗪磷等单剂及其复配剂。

就二化螟飞防而言，可选择氯虫苯甲酰胺、甲氨基阿维菌素苯甲酸盐、甲氧虫酰肼、茚虫威、杀虫单、阿维菌素、多杀霉素、苏云金杆菌等农药及其混配制剂，选用水剂、水乳剂、悬浮剂、水分散粒剂等剂型，根据农药产品标签使用。一般飞防最佳时期选择二化螟卵孵高峰后5～7d用药。

（三）三化螟

三化螟（*Tryporyza incertulas*）又称钻心虫、蛀心虫、蛀秆虫等，属鳞翅目螟蛾科（图3-10）。雌蛾体长10～13mm，翅展23～28mm；雄蛾体长8～9mm，翅展18～22mm；卵块平均长6.3mm，宽约2.8mm。幼虫一般4～5龄，少数6龄，一龄幼虫体长可到3mm左右；二龄幼虫体长4～7mm，三龄幼虫体长7～9mm，四龄幼虫体长9～15mm，五龄幼虫体长15～20mm，雄蛹长约12mm，雌蛹长约13mm。三化螟是专食水稻的单食性害虫。主要通过蛀茎危害造成水稻枯心、白穗、枯孕穗和虫伤株等症状。20世纪50～60年代，三化螟曾是我国水稻生产上影响最严重的害虫，后因耕作制度的调整使得三化螟危害下降，80～90年代，三化螟在长江中下游地区又有所回升，特别是江苏稻区。三化螟为南方稻区害虫，北至山东烟台，南达海南岛南端。三化螟在我国发生代数会因温度变化1年发生2～7代不等，云贵高原北部年发生2代，江苏、安徽北部一般年发生3代，浙江杭州以南、安徽南部、湖南、湖北、台湾北部年发生4代，广西桂林发生4～5代，广东雷州半岛和台湾中部发生5代，海南和台湾南部年发生6～7代。三化螟以老熟幼虫在稻桩中越冬，次年春温度至16℃开始化蛹。以江苏南京年发生3代二化螟为例，越冬代蛾5月中旬始见，5月下旬盛发。一代蛾始见7月初，蛾盛期7月上中旬；二代蛾7月下旬始见，8月中下旬盛发；三代蛾始见于9月初，盛发于9月中下旬，如果当年8月至9月上旬气温高，就会导致局部的4代发生。三化螟雌、雄成虫羽化后当夜交尾，次夜产卵，一般产卵历期2～6d。每雌产卵1～5块，每块含卵50粒左右，多产于叶片。卵历期通常为7d，气温降低卵期将相应延长。幼虫有4～8龄，蚁螟孵化后爬至叶尖，而后吐丝落至稻茎为害，蛀孔取食，在苗期和分蘖期造成枯心苗，孕穗期造成枯孕穗，抽穗初期造成白穗，乳熟期或黄熟期造成虫伤株。三化螟的防治指标为每 667m^{2}100～120 块卵，丛为害率 2%～3%，株为害率 1%～1.5%。

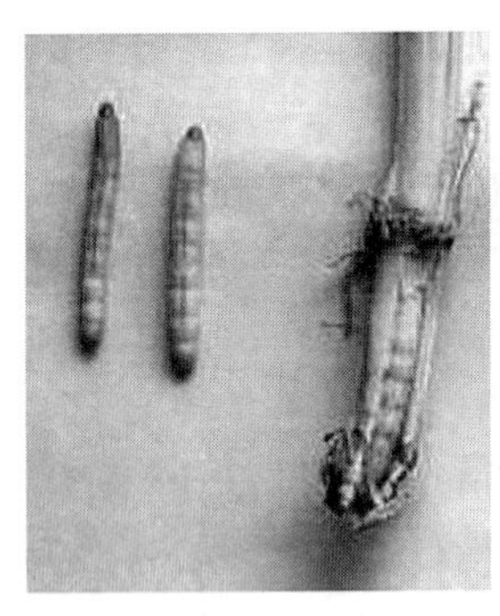
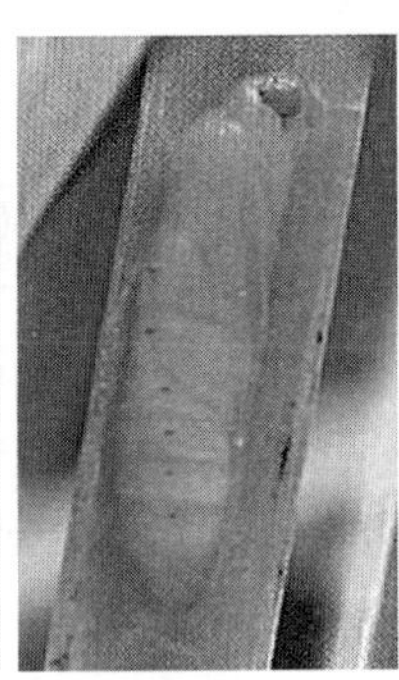
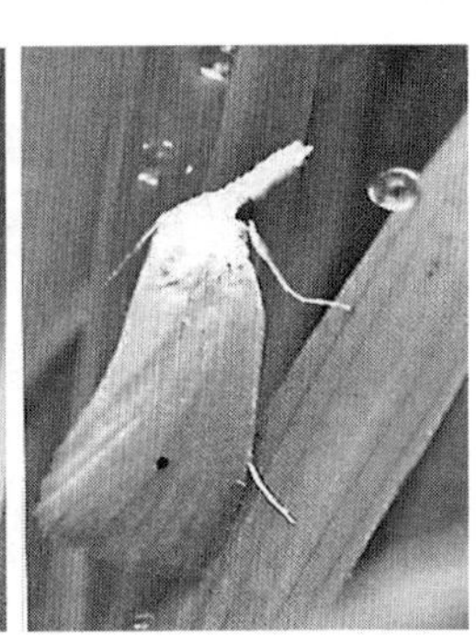

图 3-10　三化螟幼虫、蛹、成虫

我国登记用于防治水稻三化螟的杀虫剂主要有：氯虫苯甲酰胺、溴氰虫酰胺、甲氨基阿维菌素苯甲酸盐、苏云金杆菌、毒死蜱、杀虫环、杀虫双、杀虫单、杀螟丹、丁硫克百威、三唑磷、辛硫磷、喹硫磷、二嗪磷、杀螟硫磷、稻丰散、水胺硫磷、乙酰甲胺磷、敌百虫、乐果、克百威等单剂和复配剂。

就水稻三化螟飞防而言，可选择氯虫苯甲酰胺、甲氨基阿维菌素苯甲酸盐、苏云金杆菌等农药及其混配制剂，选用水剂、水乳剂、悬浮剂、水分散粒剂等剂型，根据农药产品标签说明使用。达到防治指标的稻田可防治 1～2 次，首次防治应在卵孵化始盛期用药，二次防治在首次之后 5～7d。未达到防治指标的田块在卵孵化高峰前 1～2d 对枯心区域防治 1 次。防治白穗时期为卵孵盛期内，秉持早破口早打药，晚破口晚施药原则，在水稻破口期用药 1～2 次为最佳。

(四) 稻纵卷叶螟

稻纵卷叶螟（*Cnaphalocrocis medinalis*）又名刮青虫、卷叶

虫、苞叶虫，属鳞翅目螟蛾科（图3-11）。成虫体长7～9mm，翅展12～18mm；卵近椭圆形，长约1mm，宽0.5mm；幼虫体细长，圆筒形，略扁，一龄幼虫体长1.7mm，二龄幼虫体长3.2mm，三龄幼虫体长6.1mm，四龄幼虫体长约9mm，五龄幼虫体长14～19mm；预蛹体长11.5～13.5mm，蛹长7～10mm。稻纵卷叶螟食害水稻叶片，偶尔也取食小麦、大麦、甘蔗、粟和禾本科杂草。稻纵卷叶螟分布极广，日本、朝鲜、印度、泰国、缅甸、斯里兰卡等国均有发生。国内北达吉林，南至海南，东跨台湾，西抵云贵高原均有发生报道。20世纪60年代该虫局部偶发，70年代后全国稻区发生频率逐渐增多，2003年和2007年出现全国性大暴发，稻纵卷叶螟已成为我国水稻生产的严重威胁。

图3-11　稻纵卷叶螟成虫、幼虫及危害状（仲凤翔　摄）

在我国，稻纵卷叶螟年发生1～11代，按照从北向南，温度越高世代越多。根据稻纵卷叶螟在我国的越冬时间、发生代数、危害时期等，将我国东部地区划分为5个发生区。北方区：泰山和临沂山区到秦岭一线以北，年发生1～3代，多发代为二代，危害时期为7月中旬至8月。江淮区：沿长江至陕西秦岭到山东泰沂山区一线之间地区，包括江苏、安徽、湖北三省的中北部及河南中南部，年发生 4～5 代，多发代为二代和三代，危害时期为 7～9 月。江岭区：该区均发生 5～6 代，由于早稻栽插成熟期和虫源期迁入不同，又分为江南亚区和岭北亚区，江南亚区为北纬 29°至长江以南，包括湖南、江西、浙江三省北部，湖北、安徽、江苏南部，上海，浙江杭嘉湖地区；岭北亚区为南岭山脉至北纬 29°，包括广西北部，福建中、北部，湖南、江西、浙江三省中、南部。两个亚区稻纵卷叶螟的多发生代均为二代和五代，江南亚区的二代危害时期为 6 月中旬到 7 月上旬，五代为 8 月底至 9 月中旬，而岭北亚区二代的危害时期为 6 月，五代为 8 月下旬到 9 月中旬。稻纵卷叶螟作为水稻上的“两迁”害虫，其迁飞途径与季风环流同步，春季和夏季西南气流盛行，该虫随之逐区北迁；秋季东北风大作，该虫大幅南飞，每年一次循环。不同区每年均有多次迁入和迁出现象，基本上发生区的划分和迁飞路径相符。

稻纵卷叶螟主要通过卷叶以及幼虫在苞内取食叶片表皮和叶肉组织形成白色条斑，导致水稻叶片功能受阻，最终影响水稻产量。稻纵卷叶螟成虫昼伏夜出，有趋光性。雌成虫喜在圆秆拔节期和幼穗分化期的稻田产卵，每雌产卵 40～210 粒，温、湿度不同各代产卵量最大相差几倍。产卵期一般为 3～4d。幼虫期一般为 16～24d，四代可达 38d 左右；一～三代蛹期为 7～9d，四代为 16d 左右。成虫一般为 3～6d，四代蛾可活 16d 左右。一龄幼虫首先危害叶心或者叶鞘，或者钻入旧虫苞内蚕食叶肉。二龄幼虫转移至叶尖 3cm 处吐丝成苞，此时被称为束叶期。三龄后开始转苞危害，四龄和五龄进入暴食期，不断吐丝延长虫苞，一头虫大约可危害 5～10 叶。幼虫老熟后经 1～2d 预蛹期，化蛹部位因水稻处于不同生育期而不同。水稻分蘖期，于植株基部黄叶或者无效分蘖的嫩叶中结苞化蛹，抽穗期则在叶鞘内或基部株间结苞化蛹。根据田间百丛卵量的防治指标为：二代分蘖期百丛虫（卵）150～200 头（粒），三代孕穗期为 100～150 头（粒）。近年稻纵卷叶螟的危害程度因不同稻区、不同水稻生育期有所不同，因此防治指标有所变化，分蘖期北方稻区为百丛幼虫 50～100 头，南方稻区百丛幼虫为 100～200 头；

穗期百丛幼虫为30～50头。江淮稻区杂交中稻拔节期为百丛幼虫150～200头，常规中稻百丛幼虫为100～125头。

我国在水稻田登记，并在生产上广泛推广应用的防治稻纵卷叶螟的农药主要有：氯虫苯甲酰胺、四氯虫酰胺、溴氰虫酰胺、茚虫威、阿维菌素、甲氨基阿维菌素苯甲酸盐、多杀霉素、乙基多杀菌素、氰氟虫腙、苏云金杆菌、短稳杆菌、金龟子绿僵菌CQMa421、球孢白僵菌、丙溴磷、溴氰虫酰胺等单剂及其复配剂。

就稻纵卷叶螟飞防而言，其防治可选择氯虫苯甲酰胺、四氯虫酰胺、茚虫威、甲氨基阿维菌素苯甲酸盐、乙基多杀菌素、苏云金杆菌、短稳杆菌等农药及其混配制剂，选用水剂、水乳剂、悬浮剂、水分散粒剂等剂型，根据农药产品标签说明使用。飞防适宜期为2龄幼虫高峰期，如果是大发生情况下，建议在卵孵高峰期至低龄幼虫期施药。

（五）稻飞虱

稻飞虱为半翅目（Hemiptera）飞虱科（Delphacidae）刺吸茎叶的害虫。我国稻田中最主要的稻飞虱有褐飞虱、白背飞虱和灰飞虱3种（图3-12至图3-14）。

图3-12　褐飞虱成虫背面和侧面（霍庆波提供）

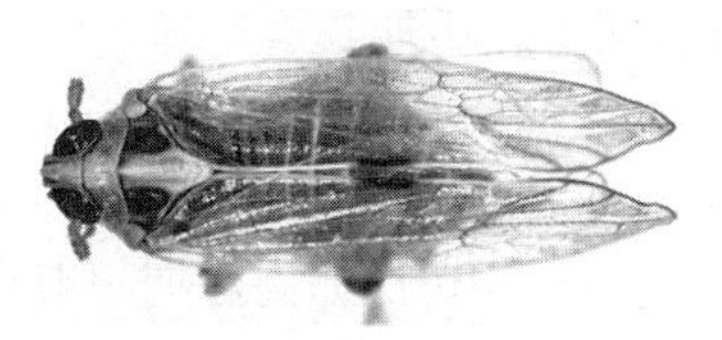

图3-13　白背飞虱

图3-14　灰飞虱

1. 褐飞虱

褐飞虱（*Nilaparvata lugens*）成虫有长、短两种翅型，长翅型成虫体长（连翅）雄虫为3.6～4.2mm，雌虫为4.2～4.8mm；短翅型成虫体长（连翅）雄虫为2.4～2.8mm，雌虫为2.8～3.2mm。。褐飞虱有远距离迁飞习性，是我国和许多亚洲国家水稻上的首要害虫。褐飞虱是单食性害虫，只能在水稻和普通野生稻上取食和繁殖后代。褐飞虱可通过直接刺吸茎叶组织汁液为害，严重时导致植株瘫痪倒伏，俗称“冒穿”；成虫产卵危害造成大量伤口，破坏输导组织，导致水分散失。褐飞虱可传播或诱发水稻病害，如草状丛矮病和齿叶矮缩病等。在我国除黑龙江、内蒙古、青海、新疆外，其他各省（自治区、直辖市）均有分布，北界为吉林通化、延边地区，大致在北纬42°左右，西界为甘肃兰州，西藏也有分布。褐飞虱常年在长江流域及其以南地区频繁暴发。褐飞虱在海南岛和雷州半岛地区年发生10～12代，广西、广东、福建中南部、台湾中南部和云南南部、湖南和江西两省南部、贵州南部等地年发生6～9代，福建和贵州北部、江西北部、湖北、浙江、四川东南部和安徽南部及沿江地区年发生4～5代，江苏、安徽中北部、河南南部及陕西南部年发生1～3代。长江中下游地区年发生4代左右，迁入虫源常年始见于6月下旬，早则6月上旬，晚则7月上旬。由于该地区单、双季稻并存，褐飞虱在早稻上发生一般较轻，单季中晚稻、连作晚稻秋季常发生严重。在江淮稻区，褐飞虱可发生3代，8月中旬后虫量上升，水稻主要受害时间为8月中旬至9月上旬，迟熟中稻受害严重。褐飞虱有长、短两种翅型，长翅型利于迁飞扩散，短翅型则起定居繁殖的作用。三龄若虫是翅型分化的临界龄期，分蘖至拔节期的水稻因氮含量高，低龄褐飞虱取食时易出现短翅型。短翅型雌虫具产卵前期短、历期长、产卵量大的特点，短翅型数量的增多是种群大量繁殖的前兆。水稻抽穗扬花至黄熟，由于水稻植株营养下降，若虫几乎全部羽化为长翅型。短翅型成虫的产卵前期为2～3d，长翅型为3～5d，产卵高峰期一般持续6～10d，成虫产卵300～600粒，多者超过1 000粒，卵成条产于

稻株组织内，产卵痕初呈长条形，逐渐变为褐色条斑。据观察，总卵量的91.2%～94.4%产在自下而上的第2～4叶鞘上。长翅型成虫有趋光性，成虫迁入稻田多倾向于分蘖盛期、生长嫩绿的水稻田定居繁殖，若虫和成虫都聚集在稻株基部栖息取食，成虫可多次交配。成虫迁出时，先爬到稻株上部叶片或穗上，在气象条件适宜时主动向空中飞去。夏、秋季一般于日出前或日落后起飞，为晨暮双峰型，晚秋起飞一般都集中在下午，为日间单峰型。

2. 白背飞虱

白背飞虱（*Sogatella furcifera*）成虫有长、短两种翅型，长翅型成虫体长（连翅）雄虫为3.3～4.0mm，雌虫为4.0～4.5mm；短翅型成虫体长（连翅）雄虫为2.0～2.2mm，雌虫为2.8～3.1mm。白背飞虱是我国水稻上主要的迁飞性害虫之一，全国均有发生。白背飞虱体重较褐飞虱轻，迁飞的高度更高，距离也更远。水稻是白背飞虱最适宜的寄主，白背飞虱能在稗草、看麦娘和早熟禾等多种禾本科植物上完成世代发育。白背飞虱危害水稻的方式与褐飞虱相似，危害严重时造成“黄塘”“虱烧”，甚至全田失收。白背飞虱还传播南方水稻黑条矮缩病毒（*Southern rice black-streaked dwarf virus*，SRBSDV），2009年以来，在我国南方稻区及越南中北部大面积流行，对水稻生产造成严重危害。白背飞虱在新疆、宁夏一年发生1～2代，贵州北部、云南和淮河流域以北发生2～4代，长江中下游发生4代左右，广东东部和福建6～8代，南岭以南一年发生7～10代，海南南部11代。最初虫源是从南方迁来，迁入期从南向北推迟，有世代重叠。白背飞虱一般在水稻分蘖期至拔节孕穗期危害，长江中下游及以北地区常只出现1次危害高峰，南方双季稻区，5～6月早稻和8～9月晚稻常各有1次危害高峰。该虫成虫有长、短两种翅型，长翅型比例一般在80%以上。白背飞虱在各地的迁入时间比褐飞虱早，迁出期不受水稻生育期的影响，各代成虫均可迁出，且都是迁入田后第2代若虫高峰时为主要危害代。白背飞虱每代种群增长2～4倍，田间虫口密度高时即迁飞转移。白背飞虱成虫全天均可羽化，羽化第2d即可交配，交配全天均可进行，高峰在下午 2～5 点以及零点至凌晨 5 点。雌成虫一生只交配 1 次，雄成虫可交配 1～3 次，产卵历期 10～15d，前 5d 产卵量最多。产卵有明显选择性，喜在生长茂密嫩绿的水稻上产卵，分蘖株上落卵量高于主茎。以分蘖期、孕穗期水稻植株产卵最多，黄熟期和 3 叶期产卵最少。卵呈条状产于叶鞘或叶片基部中脉组织内，每块卵数粒至 10 多粒，单行排列。若虫和成虫多生活在稻丛基部叶鞘上，位置较褐飞虱高，成虫有趋光、离株飞翔和迁飞习性。

3. 灰飞虱

灰飞虱（*Laodelphax striatellus*）成虫有长、短两种翅型，长翅型成虫体长（连翅）雄虫为 3.3～3.8mm，雌虫为 3.6～4.0mm；短翅型成虫体长（连翅）雄虫为 2.0～2.3mm，雌虫为 2.1～2.6mm。灰飞虱广泛分布于东亚、东南亚、欧洲和北非等地。我国各地均有分布，以长江中下游和北方稻区发生居多。灰飞虱可以在发生地越冬，因而是 3 种稻飞虱中发生最早的，主要危害早稻、中稻秧田和本田分蘖期的稻苗。灰飞虱刺吸和产卵危害水稻，但基本不出现褐飞虱和白背飞虱的“虱烧”“黄塘”等。灰飞虱传播病毒对水稻造成的危害远大于直接刺吸的危害，可传播水稻条纹叶枯病毒（*Rice stripe virus*，RSV）和水稻黑条矮缩病毒（*Rice black-streaked dwarf virus*，RBSDV）等多种病毒。灰飞虱寄主范围广，除水稻外，还可危害小麦、大麦、稗草、玉米、高粱、甘蔗、看麦娘、蟋蟀草、千金子、白茅和谷子等多种禾本科植物，以水稻和小麦为主。灰飞虱在吉林一年发生 3～4 代，华北地区 4～5 代，长江中下游地区 5～6 代，福建发生 6～8 代，广东、广西及云南发生 7～11 代。灰飞虱在广东、广西和云南无越冬现象，冬季转移危害小麦。其他地区以 3～4 龄若虫在麦、紫云英、蚕豆、田埂沟渠杂草、落叶下及土缝中越冬。气温高于 5℃时，越冬若虫能在寄主上取食，早春旬均气温达到 10℃左右时开始羽化为成虫，达到 12℃左右时羽化达到高峰。江苏南部和上海一年发生 6 代，越冬若虫多在 3 月中旬至 4 月中旬羽化，产卵于看麦娘等禾本科杂草上，4月下旬孵化，部分转移至原寄主附近的早稻秧田危害。5月下旬至6月上旬羽化为第1代成虫，此代成虫大量转移到水稻秧田和本田。此后约历时1个月发生1代，至10月中上旬为第6代若虫期，这代若虫转移至越冬寄主上越冬。灰飞虱成虫也分长、短两种翅型，越冬代羽化的成虫大多为短翅型，第1代成虫中绝大多数为长翅型。雌虫的产卵前期在25～28℃时为4～6d，短翅型比长翅型产卵前期短，单雌产卵量数十粒至100多粒，越冬代的产卵量较多，单雌产卵量达200多粒，最多的500多粒。卵多成行产于稻株下部叶鞘和叶片基部叶脉两侧的组织内。灰飞虱若虫多栖息于离水面3～6cm处。灰飞虱成虫具有趋光、趋嫩绿和趋边的习性。在秧田和刚移栽的稻田，边行的虫口数量远高于其他地方。

4. 稻飞虱飞防技术

防治褐飞虱可采用“压前控后”或“狠治主害代”的防治策略，前者适合单季晚稻和大发生年份的连作晚稻，后者适合双季早稻及中等偏重及以下年份的连作晚稻。一般水稻前中期防治指标从严，后期适当从宽，在5%经济允许损失水平下，双季稻地区主害代的防治指标为早稻每百丛1 000～1 500头；晚稻每百丛1 500～2 000头，黄熟期2 500～3 000头，压前控后，前代控制指标每百丛虫量400～500头或有成虫50～100头。

白背飞虱的防治适期为主害代的2～3龄若虫高峰期，主害代药剂防治指标为杂交稻孕穗、破口期百丛虫量分别为800～1 000和1 000～1 500头，常规稻破口期为600～800头，抽穗灌浆期百丛虫量为1 000～1 200头。

灰飞虱主要以传播病害危害，所以在灰飞虱传播病害流行的地区，应以治虫防病为目的，采取“狠治一代，控制二代”的策略，药剂防治的关键时机为一代、二代成虫迁飞高峰期和低龄若虫孵化高峰期，在秧田期和本田初期集中消灭灰飞虱。

目前，我国登记在水稻田使用的农药中对稻飞虱具有较好防效，并在生产上广泛推荐应用的药剂主要包括：吡虫啉、噻虫啉、噻虫嗪、呋虫胺、噻虫胺、吡蚜酮、烯啶虫胺、噻嗪酮、氟啶虫酰胺、三氟苯嘧啶、氟啶虫胺腈、乙虫腈、醚菊酯、苦参碱、金龟子绿僵菌 CQMa421、球孢白僵菌等单剂及其复配剂。

就稻飞虱飞防而言，可选择吡蚜酮、噻虫嗪、呋虫胺、烯啶虫胺、三氟苯嘧啶等农药及其混配制剂，交替轮换使用，选用水剂、水乳剂、悬浮剂、水分散粒剂等剂型，根据农药产品标签说明使用。不可盲目增加或减少剂量，飞防每 667m^2 用水 1kg，应保证药液量并注意添加沉降剂和渗透剂。

（六）稻蓟马

稻蓟马（*Stenchaetothrips biformis*）属缨翅目蓟马科（图 3－15），成虫体长 1～1.3mm。除了寄主水稻外，还取食玉米、麦类和禾本科杂草。主要分布在黄淮流域以南稻区。稻蓟马危害早、中、晚稻秧田期和本田分蘖期，对杂交水稻初期危害最盛。成虫和一、二龄若虫刮破水稻嫩叶表皮，锉吸汁液，导致叶片出现黄白色小点，叶尖失水卷缩。危害较重的秧田枯焦似火，本田生长迟缓、发育不良，造成苗僵不分蘖，形成瘪穗。稻蓟马的生活周期较短，年发生代多且重叠，难以划分。华南稻区年发生 20 代，江淮稻区有 10～14 代。对稻蓟马的化学防治策略为“狠治秧田，巧治大田”。秧田防治 3～5 叶期，本田主防分蘖期。当秧田卷叶率达 10%～15%或百株虫量达 100～200 头时，第 1 次用药在秧苗 3～5 叶期，第 2 次用药在秧苗移栽前 2d；本田卷叶率达 20%～30%或百株虫量达 200～300 头时，在卵孵化盛期进行防治。

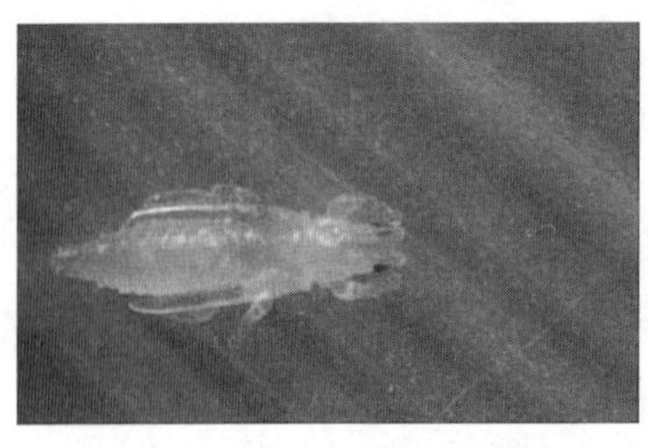

图 3－15　稻蓟马及危害状

目前，我国在水稻田登记防治稻蓟马的农药包括：噻虫嗪、噻虫胺、吡虫啉等。飞防可选择噻虫嗪、噻虫胺、吡虫啉等农药及其混配制剂，选用水剂、水乳剂、悬浮剂、水分散粒剂等剂型，根据产品标签说明使用。

（七）水稻叶蝉

水稻叶蝉泛指危害水稻的半翅目叶蝉科害虫。已有记录的水稻叶蝉有 76 种，田间常见有 22 种，其中造成危害的主要包括黑尾叶蝉（*Nephotettix cincticeps*）、二点黑尾叶蝉（*Nephotettix virescens*）、二条黑尾叶蝉（*Nephotettix nigropictus*）、白翅叶蝉（*Thaia rubiginosa*）、电光叶蝉（*Recilia dorsalis*）等。分布最广的优势种为黑尾叶蝉（图 3-16），分布于我国所有稻区，其寄主包括水稻、小麦、玉米、甘蔗、茭白以及禾本科杂草。二点黑尾叶蝉食性比黑尾叶蝉窄，主要是水稻和部分杂草，分布于湖北以南稻区。二条黑尾叶蝉食性介于前两者之间，其分布于江西以南。3 种黑尾叶蝉主要群集刺吸稻丛基部取食汁液，破坏水稻输导组织，在稻株上形成褐色伤斑。同时，黑尾叶蝉取食过程中还可能传播水稻矮缩病和黄矮病。白翅叶蝉的寄主范围很广，除水稻以外，还可取食大麦、小麦、玉米、高粱、茭白、甘蔗以及禾本科杂草等，电光叶蝉也为杂食性昆虫，2 种叶蝉的分布类似，都在黄河以南稻区。白翅叶蝉刺吸水稻叶片汁液后，水稻叶片上出现零星白点，严重时形成白色斑纹，叶片干枯，俗称“火烧禾”。被害稻株不能抽穗，秕谷增多，水稻产量减少。电光叶蝉取食叶鞘和叶片，受害稻株同样形成白斑、枯死。电光叶蝉虫口密度低，不易造成严重危害，但是该叶蝉传播多种水稻病毒，如水稻矮缩病毒（RDV）、水稻簇矮病毒（RGDV）、水稻东格鲁病毒（RTSV）等。黑尾叶蝉的防治指标依据虫体是否带毒而不同，非病毒流行区，早稻百丛虫量 200～500 头、晚稻 300～1 000 头开始防治；病毒流行稻区，早稻百丛虫量 100 头，晚稻成虫秧田每平方米 20 头、本田百丛虫量 50 头。白翅叶蝉的防治指标为百丛虫量 500～700 头。防治期为二龄、三龄若虫高峰期。如果叶蝉传毒，则按照病毒传播时期进行防治。

图 3-16　黑尾叶蝉

目前，我国在水稻田登记防治水稻叶蝉的农药包括：仲丁威、异丙威、速灭威、乙酰甲胺磷、噻嗪酮、吡虫啉、哒嗪硫磷、混灭威、甲萘威、乐果、马拉硫磷、杀螟硫磷、金龟子绿僵菌 CQ-Ma421 等，生产上建议推广使用中等毒以下的农药。飞防药剂选择可参照稻飞虱，可选用噻嗪酮、吡虫啉等农药及其复配制剂，交替轮换使用。

（八）稻象甲

稻象甲（*Echinocnemus squamous*）又名稻根象甲、水稻象鼻虫，鞘翅目象甲科（图 3-17）。成虫体长约 5mm，宽约 2.3mm；卵椭圆形，长 0.6～0.9mm；老熟幼虫体长约 9mm，蛹长约 5mm。杂食性昆虫，寄主范围极广，如水稻、大麦、小麦、玉米、棉花、油菜、甘蓝、瓜类、番茄以及各种杂草。稻象甲分布广泛，日本和东南亚地区都有发现，国内几乎所有稻区都能见到其踪影。成虫啃食水稻心叶和嫩茎，导致心叶和嫩茎断裂。幼虫则主要危害稻根，轻度危害导致生长延迟，成熟不齐；重度危害的稻株分蘖降低，矮缩，成穗数和穗粒数锐减，甚至引起秕谷增多，最终减产。稻象甲防治宗旨是“治成虫控幼虫”。其防治指标是早稻百丛幼虫量 27 头或百丛成虫量 20 头，晚稻百丛幼虫量 37 头和百丛成虫量 25 头。越冬成虫的防治指标是早稻百丛成虫量 30 头。成虫防治时期为产卵盛发期前，幼虫防治时期为卵孵化高峰期。

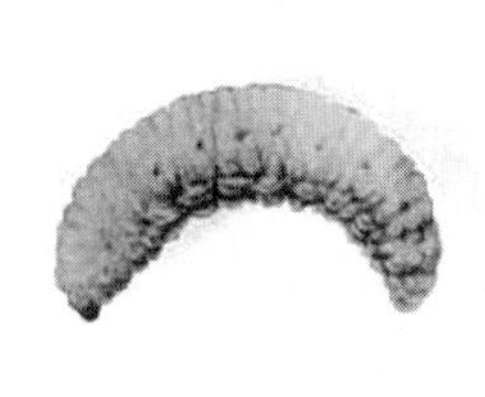

图 3-17 水稻象甲幼虫和象甲危害状

目前，我国在水稻田登记防治稻象甲的农药包括：醚菊酯、氯虫苯甲酰胺、水胺硫磷、丁硫克百威、三唑磷等及其混配制剂，生产上建议应用高效低毒低残留药剂。

已有研究表明，植保无人机施药可选用 30%氯虫・噻虫嗪悬浮剂、6%阿维・氯苯酰悬浮剂、1.2%烟碱・苦参碱乳油和 100 孢子/mL 球孢白僵菌油悬浮剂等药剂。此外，添加飞防专用助剂可使稻象甲田间防效显著提升 20%以上。

三、稻田主要草害飞防技术

我国水稻田常见杂草种类约有 24 科 60 多种，其中发生面积较大、危害重的禾本科杂草主要包括：杂草稻（Weedy rice）、稗属杂草（*Echinochloa* spp.）、千金子（*Leptochloa chinensis*）、马唐（*Digitaria sanguinalis*）、乱草（*Eragrostis japonica*），莎草科杂草主要是异型莎草（*Cyperus difformis*），阔叶类杂草主要包括：野慈姑（*Sagittaria trifolia*）、耳基水苋（*Ammannia auriculata*）、鸭舌草（*Monochoria vaginalis*）和雨久花（*Monochoria kor-*

sakowii）等。

（一）禾本科杂草

禾本科杂草常称为禾草，其主要特点是茎圆柱形，中空，有明显的节和节间，叶片狭长，平行叶脉，颖果。由于水稻为禾本科植物，与禾本科杂草同科，亲缘关系较为接近，生物学和生态学习性相似，生理特性也较接近，除草剂在水稻与禾草之间的选择性有限。此外，禾草幼苗的生长点通常被叶鞘层层包裹，有效地提升其对除草剂的抵抗能力。因此，稻田禾本科杂草的化学防控较为困难。我国水稻田危害重、发生面积大的禾本科杂草主要包括杂草稻、稗属杂草、千金子、马唐，在局部地区有时发生较重的还包括乱草（*Eragrostis japonica*）、双穗雀稗（*Paspalum distichum*）、双稃草（*Lepotochloa fusca*）等。

1. 稗属杂草

一年生草本。叶片扁平，线形；圆锥花序由穗形总状花序组成，小穗含1～2小花，单生或2～3个不规则地聚集于穗轴的一侧，近无柄；颖草质，第1颖小，三角形，长约为小穗1/3～1/2（～3/5），第2颖与小穗等长或稍短；第1小花中性或雄性，第2小花两性，其外稃成熟时变硬，顶端具极小尖头，平滑，光亮。我国稻田稗属杂草主要包括稗（*E. crusgalli*）、无芒稗（*E. crusgalli* var. *mitis*）、西来稗（*E. crusgalli* var. *zelayensis*）、硬稃稗（*E. glabrescens*）、水田稗（*E. phyllopogon*＝*E. oryzicola*）、孔雀稗（*E. cruspavonis*）、长芒稗（*E. caudata*）、光头稗（*E. colona*），图3-18、图3-19及表3-1展示了这8种水稻田常见稗属杂草之间的形态鉴别要点。

稗属杂草是我国水稻田危害严重的恶性杂草，也是稻田除草剂研发中的最重要靶标杂草。目前在我国水稻田登记使用的除草剂中对稗属杂草具有较好防除活性的种类较多，主要包括：丙草胺、苯噻酰草胺、丁草胺、吡氟酰草胺、噁草酮、噁嗪草酮、丙炔噁草酮、环戊噁草酮、乙氧氟草醚、双唑草腈、二甲戊灵、仲丁灵、西草净、硝磺草酮、双环磺草酮、氟酮磺草胺、异噁草松、哌草丹、禾草丹、禾草敌、嘧苯胺磺隆、噁唑酰草胺、精噁唑禾草灵、五氟磺草胺、双草醚、嘧啶肟草醚、嘧草醚、氟吡磺隆、丙嗪嘧磺隆、嗪吡嘧磺隆、环酯草醚、敌稗、二氯喹啉酸、氯氟吡啶酯、莎稗磷。

图 3-18　我国水稻田常见的 8 种稗属杂草花序

A. 稗原变种　B. 光头稗　C. 水田稗　D. 长芒稗　E. 硬稃稗

F. 无芒稗　G. 西来稗　H. 孔雀稗

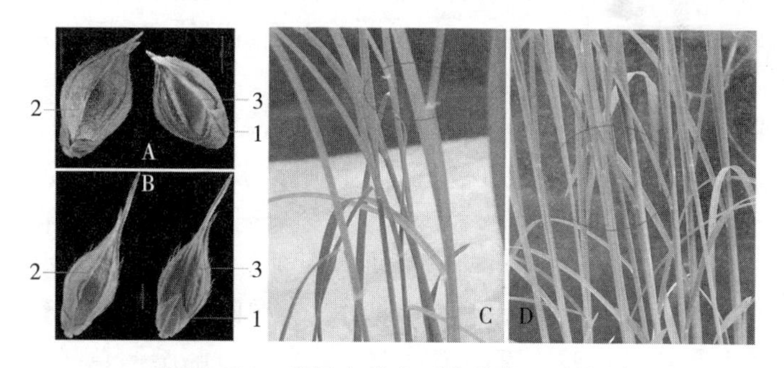

图 3-19　稗属杂草主要的种类鉴别特点

A. 硬稃稗小穗背面（左）和腹面（右）　B. 稗原变种小穗背面（左）和腹面（右）

C. 水田稗幼苗（红圈示鞘口有毛）　D. 硬稃稗幼苗（红圈示鞘口无毛）

［注：1. 第 1 颖片；2. 第 2 颖片（紧贴其内的为第 2 外稃）；3. 第 1 外稃；A、B 中红色的比例尺显示 1cm.］

表 3-1 我国水稻田常见的 8 种稗属杂草形态特征

种类	第 1 外稃	小穗长（mm）	芒长（cm）	圆锥花序二级分枝
硬稃稗	外凸、革质	3.5～5	无或有	无
水田稗	扁平、草质	3.8～6	0.1～2	无
光头稗	扁平、草质	2～3	无	无
孔雀稗	扁平、草质	2～3.5	1～1.5	无
长芒稗	扁平、草质	3～4	1.5～5	无
原变种	扁平、草质	3～4	0.5～1.5（～3）	有或无
无芒稗	扁平、草质	3～4	<0.5	有
西来稗	扁平、草质	3～4	<0.5	无

就飞防技术而言，水稻移栽前进行土壤封闭处理，可以用含有丙草胺、苯噻酰草胺、丙炔噁草酮、丁草胺、噁草酮、异噁草松中的 1 种或几种成分的除草剂产品，按照农药标签说明，进行飞防施药。水稻移栽返青后进行土壤封闭处理，可以用含有丙草胺、丁草胺、噁嗪草酮、氟吡磺隆、嘧苯胺磺隆、嘧草醚、五氟磺草胺、异丙甲草胺、丙嗪嘧磺隆、嗪吡嘧磺隆、环酯草醚中的 1 种或几种成分的除草剂产品，按照农药产品标签标注的登记作物、防治对象和登记剂量使用。旱直播稻田播后苗前土壤封闭处理，可以用含有丙草胺、吡氟酰草胺、噁草酮、噁嗪草酮、嘧草醚、二甲戊灵、异噁草松中的 1 种或几种成分的除草剂产品，按照农药产品标签标注的登记作物、防治对象和登记剂量使用。水直播稻田播后苗前土壤封闭处理，可以用含有丙草胺（含安全剂）、丁草胺（含安全剂）、嘧草醚中的 1 种或几种成分的除草剂产品，按照农药标签说明，进行飞防施药。稗草 3～5 叶期时，对稻田进行茎叶处理施药，可以采用噁唑酰草胺、五氟磺草胺、双草醚、嘧啶肟草醚、嘧草醚、氟吡磺隆、二氯喹啉酸、氯氟吡啶酯中的 1 种或几种成分的除草剂产品，按照农药产品标签标注的登记作物、防治对象和登记剂量使用。注意：旱直播稻田土壤处理施药需确保田间墒情较好，并且飞防施药需保证每 667m^2 用水 1L 以上。此外，旱直播稻田飞防

施药的药效常常不如常规喷雾，因此预计稗草发生量大的直播稻田尽量不选择飞防进行土壤施药处理。

2. 千金子

一年生杂草（图 3 - 20）。成株根须状，直立秆丛生，基部膝曲或倾斜，着土后节上易生不定根，高 30～90cm，平滑无毛。叶鞘无毛，多短于节间；叶片扁平或多少卷折，先端渐尖，成株叶片中脉常呈较为明显的白色；叶片与叶鞘之间有一呈撕裂状膜质的叶舌，且有小纤毛。圆锥花序呈尖塔状，主轴和分枝均微粗糙，小穗两侧压扁且多带紫色，有 3～7 小花。颖果长圆形或近球形。

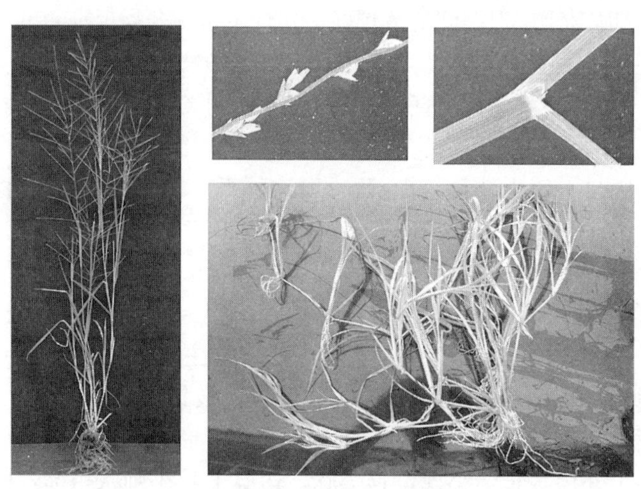

图 3 - 20　千金子植株

千金子是直播稻田恶性杂草，在一些较为干旱的移栽稻田有时也会发生较重。一般情况下移栽稻田土壤处理施药时不需专门针对千金子选用除草剂，茎叶处理时进行防治即可。目前，在我国水稻田登记使用的除草剂中对千金子具有较好防效的药剂包括：丙草胺、苯噻酰草胺、丁草胺、乙草胺、异丙草胺、异丙甲草胺、噁草酮、噁嗪草酮、丙炔噁草酮、二甲戊灵、仲丁灵、双环磺草酮、异噁草松、禾草丹、禾草敌、氰氟草酯、噁唑酰草胺、精噁唑禾草灵、嘧草醚、环酯草醚、敌稗、莎稗磷。

就飞防技术而言，旱直播稻田播后苗前土壤封闭处理，可以使用含有丙草胺、丁草胺、噁草酮、噁嗪草酮、二甲戊灵、异噁草松中的1种或几种成分的除草剂产品，按照农药产品标签标注的登记作物、防治对象和登记剂量使用。水直播稻田播后苗前土壤封闭处理，可以使用含有丙草胺（含安全剂）或丁草胺（含安全剂）的除草剂产品，按照农药产品标签标注的登记作物、防治对象和登记剂量使用。千金子3～5叶期时，对稻田进行茎叶处理施药，可以采用噁唑酰草胺或氰氟草酯或氯氟吡啶酯等除草剂产品，按照农药产品标签标注的登记作物、防治对象和登记剂量使用。注意：旱直播稻田土壤处理施药需确保田间墒情较好，并且飞防施药需保证每667m^{2}用水1L以上。此外，旱直播稻田飞防施药的药效常常不如常规喷雾，因此预计千金子发生量大的直播稻田尽量不采用飞防进行土壤施药处理。

3. 马唐

马唐是一年生杂草（图3-21），秆直立或下部倾斜，膝曲上升，高10～80cm，直径2～3mm，无毛或节生柔毛。叶鞘短于节间，无毛或散生疣基柔毛；叶舌长1～3mm；叶片线状披针形，基部圆形，边缘较厚，微粗糙，具柔毛或无毛。总状花序长5～18cm，4～12枚成指状着生于长1～2cm的主轴上；穗轴直伸或开展，两侧具宽翼，边缘粗糙；小穗椭圆状披针形，长3～3.5mm；第1颖小，短三角形；第2颖具3脉，披针形，长为小穗的1/2左右；第1外稃等长于小穗，具7脉，边脉上具小刺状粗糙，脉间及边缘生柔毛；第2外稃近革质，灰绿色，等长于第1外稃。

马唐是直播稻田恶性杂草，在一些较为干旱的移栽稻田有时也会发生，一般情况下移栽稻田不需专门针对马唐选用除草剂施药。目前，我国在水稻田登记的除草剂中对马唐具有较好防除活性的农药包括：丙草胺、苯噻酰草胺、丁草胺、乙草胺、二甲戊灵、仲丁灵、异噁草松、禾草丹、禾草敌、噁唑酰草胺、精噁唑禾草灵。

就飞防技术而言，旱直播稻田播后苗前土壤封闭处理，可以使用含有丙草胺、丁草胺、二甲戊灵、异噁草松中的1种或几种成分

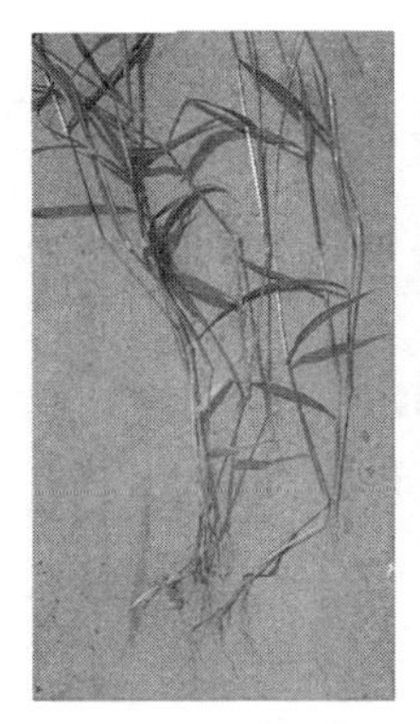

图 3-21　马唐植株及小穗

的除草剂产品，按照农药产品标签标注的登记作物、防治对象和登记剂量使用。水直播稻田播后苗前土壤封闭处理，可以使用含有丙草胺（含安全剂）或丁草胺（含安全剂）的除草剂产品，按照农药产品标签标注的登记作物、防治对象和登记剂量使用。马唐 3～5 叶期时，对稻田进行茎叶处理施药，可以采用噁唑酰草胺或精噁唑禾草灵等除草剂产品，按照农药产品标签标注的登记作物、防治对象和登记剂量使用。注意旱直播稻田土壤施药处理需确保田间墒情较好，并且飞防施药需保证每 667m^2 用水 1L 以上。此外，旱直播稻田飞防施药的药效常常不如常规喷雾，因此预计马唐发生量大的直播稻田尽量不选择飞防进行土壤施药处理。

4. 乱草

乱草又称为碎米知风草（图 3-22）。一年生杂草，秆直立或膝曲丛生，高 30～100cm，径 1.5～2.5mm，具 3～4 节。叶鞘一般比节间长，松裹茎，无毛；叶舌干膜质，长约 0.5mm；叶片平展，长 3～25cm，宽 3～5mm，光滑无毛。圆锥花序长圆形，长 6～15cm，宽 1.5～6cm，整个花序常超过植株一半以上，分枝纤细，簇生或轮生，腋间无毛。小穗柄长 1～2mm；小穗卵圆形，长 1～2mm，成熟后紫色，自小穗轴由上而下的逐节断落。颖果棕红色并透明，卵圆形，长约 0.5mm。

图 3-22　乱草

乱草是华东地区直播稻田恶性杂草，一般情况下移栽稻田不需专门针对乱草选用除草剂施药。目前，在我国直播稻田登记使用的除草剂中对乱草具有较好防效的药剂包括：丙草胺、丁草胺、二甲戊灵、乙氧氟草醚、噁唑酰草胺、精噁唑禾草灵。然而，一些稻田常用药剂对乱草防效不佳甚至几乎无效，如：噁草酮、苯噻酰草胺、扑草净、五氟磺草胺、氰氟草酯、二氯喹啉酸、莎稗磷、禾草丹、敌稗、嘧啶肟草醚、双草醚、环酯草醚等。

就飞防技术而言，旱直播稻田播后苗前土壤封闭处理，可以使用含有丙草胺、二甲戊灵或丁草胺中有效成分的除草剂产品，按照农药产品标签标注的登记作物、防治对象和登记剂量使用。水直播稻田播后苗前土壤封闭处理，可以使用含有丙草胺（含安全剂）或丁草胺（含安全剂）的除草剂产品，按照农药产品标签标注的登记作物、防治对象和登记剂量使用。乱草 3～5 叶期时，对稻田进行茎叶处理施药，可以采用含有噁唑酰草胺的除草剂产品，按照农药产品标签标注的登记作物、防治对象和登记剂量使用。注意旱直播稻田土壤处理施药需确保田间墒情较好，并且飞防施药需保证每 667m^2 用水 1L 以上。此外，旱直播稻田飞防施药的药效常常不如常规喷雾，因此预计乱草发生量大的直播稻田尽量不选用飞防进行土壤施药处理。

5. 杂草稻

杂草稻是混生在稻田中，与栽培稻相伴生，形态上介于野生稻和栽培稻以及籼稻和粳稻之间的稻属植物（图 3-23、图 3-24）。

杂草稻可起源于野生稻、栽培稻品种退化、栽培稻与野生稻杂交、不同类型栽培稻杂交等。栽培稻经历了漫长的人工选育历史，一些不利于高产、优质的水稻性状在育种中被排除，例如：种子边成熟边落粒、秕谷率高、种子不饱满、植株披散、分蘖数多、分蘖细长、颖果有长芒等。在田间，具有上述“被丢弃”性状的水稻植株成为“非目的”植物，因而也就是杂草稻。杂草稻有许多形态学性状和生物学性状不同的生物型，许多表型性状在不同生物型之间呈连续性变化，如杂草稻种皮颜色由近似于栽培稻的淡黄连续地变化到近似于野生稻的黑色，芒长从无芒、短芒到长芒，粒形既有偏籼稻的也有偏粳稻的。在生产中，苗期杂草稻植株和叶片明显较为披散，分蘖角较大，植株基部手感较软，心叶发黄，有时鞘口带紫色。

图 3-23　栽培稻和杂草稻（箭头标记）苗期
（杂草稻较为披散，分蘖角较大）

图 3-24　栽培稻（左）和杂草稻（右）果穗

杂草稻与栽培稻亲缘关系很近，对除草剂的敏感性十分接近，一旦杂草稻在普通水稻本田出苗，很难通过除草剂的生理选择性进行防治。移栽稻田可以在水稻移栽前或移栽后使用土壤封闭药剂抑制杂草稻危害；水直播稻田可以在播种前5～7d施用土壤封闭药剂抑制杂草稻危害，之后排水播种；而旱直播田杂草稻难以有效进行化学防除。目前还没有对常规水稻安全、对杂草稻高活性的除草剂商品，稻田杂草稻危害尚没有针对性的飞防技术。

（二）莎草科杂草

莎草科杂草常简称莎草，其主要特点是茎多呈三棱形，实心，无节，叶3列，有时缺叶，叶片狭长，平行叶脉，小坚果。莎草科杂草在我国稻田普遍发生，常见的种类包括异型莎草、牛毛毡（*Heleocharis yokoscensis*）、水虱草（*Fimbristylis littoralis*）、萤蔺、野荸荠（*Heleocharis plantagineiformis*）、碎米莎草（*Cyperus iria*）、扁秆藨草（*Scirpus planiculmis*）等。目前，在常规稻田中普遍发生、危害较重的主要是异型莎草；萤蔺在东北地区一些移栽稻田发生较重。值得注意的是，萤蔺、野荸荠等多年生莎草通过根状茎萌生的无性繁殖苗较为粗壮，对除草剂敏感性下降，需重点防控。莎草类杂草也是水稻田除草剂研发的基本靶标杂草类群，稻田常见一年生莎草科杂草的化学防治方法以对异型莎草的化学防除方法为代表，多年生莎草科杂草的化学防治以对萤蔺的化学防除方法为代表。

1. 异型莎草

一年生草本，无根状茎，根为须根。秆丛生，稍粗或细弱，扁三棱状，平滑。叶短于秆，宽2～6mm，平张或折合；叶鞘稍长，褐色。苞片叶状，长于花序；长侧枝聚伞花序具3～9个辐射枝；头状花序球形，具极多数小穗，直径5～15mm；小穗密聚，披针形或线形，长2～8mm，宽约1mm，具8～28朵花。小坚果倒卵状椭圆形，三棱状，几与鳞片等长，淡黄色（图3-25）。

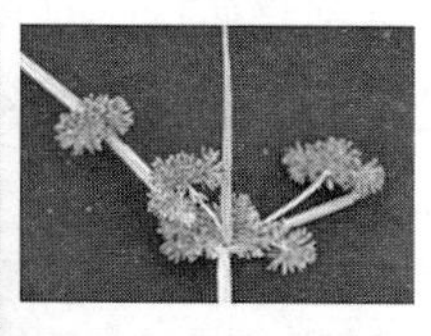

图 3-25　异型莎草

异型莎草可以在移栽稻田或直播稻田中发生危害。目前，我国水稻田登记使用的除草剂中对异型莎草具有较好防效的农药包括：噁草酮、丙炔噁草酮、双唑草腈、二甲戊灵、苄嘧磺隆、吡嘧磺隆、氯吡嘧磺隆、乙氧磺隆、嘧磺隆、嘧苯胺磺隆、扑草净、双环磺草酮、氟吡磺隆、丙嗪嘧磺隆、嗪吡嘧磺隆、2 甲 4 氯、灭草松、唑草酮、氯氟吡啶酯。

就飞防技术而言，水稻移栽前进行土壤封闭处理，可以用含有噁草酮、氯吡嘧磺隆、苄嘧磺隆、吡嘧磺隆、异噁草松中的 1 种或几种成分的除草剂产品，按照农药产品标签标注的登记作物、防治对象和登记剂量使用。水稻移栽返青后进行土壤封闭处理，可以用含有氟吡磺隆、苄嘧磺隆、吡嘧磺隆、嘧苯胺磺隆、五氟磺草胺、异丙甲草胺、氯吡嘧磺隆、丙嗪嘧磺隆、嗪吡嘧磺隆中的 1 种或几种成分的除草剂产品，按照农药产品标签标注的登记作物、防治对象和登记剂量使用。旱直播稻田播后苗前土壤封闭处理，可以用含有嘧草醚、二甲戊灵、异噁草松、氯吡嘧磺隆、苄嘧磺隆中的 1 种或几种成分的除草剂产品，按照农药产品标签标注的登记作物、防治对象和登记剂量使用。水直播稻田播后苗前土壤封闭处理，可以用含有丙草胺（含安全剂）或丁草胺（含安全剂）或嘧草醚的除草剂产品，按照农药产品标签标注的登记作物、防治对象和登记剂量使用。稻田茎叶处理施药时，可以用含有 2 甲 4 氯、灭草松、唑草酮中的 1 种或几种成分的除草剂产品，按照农药产品标签标注的登记作物、防治对象和登记剂量使用。注意：旱直播稻田土壤处理施药需确保田间墒情较好，并且飞防施药需保证每 667m^2 用水 1L 以上。此外，旱直播稻田飞防施药的药效常常不如常规喷雾，因此预计异型莎草发生量大的直播稻田尽量不选择飞防进行土壤施药处理。

2. 萤蔺

一年生杂草，根状茎短。秆丛生，稍坚挺，圆柱状，少数近于有棱角，平滑，基部具 2～3 个鞘；鞘的开口处为斜截形，边缘为干膜质，无叶片。苞片 1 枚，为秆的延长，直立，长 3～15cm；小穗常 3～5 个聚成头状，假侧生，棕色或淡棕色，具多数花。小坚果宽倒卵形或倒卵形，稍皱缩，成熟时黑褐色，具光泽（图 3－26）。

图 3－26　萤蔺植株

萤蔺主要在移栽稻田发生危害，直播稻田危害相对较轻。目前，我国水稻田登记使用的除草剂中对萤蔺具有较好防效的农药包括：丁草胺、双唑草腈、氯吡嘧磺隆、双环磺草酮、唑草酮、2甲4氯、灭草松。

就飞防技术而言，水稻移栽前进行土壤封闭处理，可以用含有丁草胺或氯吡嘧磺隆的除草剂产品，按照农药产品标签标注的登记作物、防治对象和登记剂量使用。旱直播稻田播后苗前土壤封闭处理，同水稻移栽前土壤封闭处理用药。水直播稻田播后苗前土壤封闭处理，可以使用含有丁草胺（含安全剂）、氯吡嘧磺隆的除草剂产品，按照农药产品标签标注的登记作物、防治对象和登记剂量使用。稻田茎叶处理施药时，可以用含有唑草酮、双环磺草酮、2甲4氯、灭草松、氟吡磺隆中的1种或几种成分的除草剂产品，按照农药产品标签标注的登记作物、防治对象和登记剂量使用。

（三）阔叶杂草

阔叶杂草包括全部的双子叶杂草以及禾本科、莎草科之外的多数单子叶杂草。阔叶类杂草叶片长宽比较小，叶形相对禾草和莎草而言较为宽阔。阔叶类杂草茎顶端的生长点保护较少，因而更易直接吸收除草剂而中毒枯死。稻田阔叶类杂草种类远多于禾草和莎草类杂草，也是除草剂研发中的基本靶标杂草类群。我国稻田普遍发生、危害较重的阔叶杂草主要包括野慈姑、鸭舌草、雨久花、耳基水苋等。华南地区稻田尖瓣花发生较为普遍，但是在其他地区稻田少见。

1. 野慈姑

泽泻科多年生沼生草本植物。具匍匐茎或球茎，球茎小，最长2～3cm。叶基生，挺水；叶片箭形，大小变异很大，顶端裂片与基部裂片间不缢缩，顶端裂片短于基部裂片，基部裂片尾端线尖；叶柄基部鞘状。花序圆锥状或总状，苞片3，基部多少合生。花单性，下部1～3轮为雌花，上部多轮为雄花：萼片椭圆形或宽卵形，长3～5mm，反折；花瓣白色，长约为萼片2倍。雄花雄蕊多数，花药黄色；雌花心皮多数，离生。瘦果两侧扁，倒卵圆形，具翅，背翅宽于腹翅，具微齿，喙顶生，直立（图3－27）。

图3－27 野慈姑

野慈姑在我国各地稻田常见，但东北地区移栽稻田危害十分严重。野慈姑种子苗较容易化学防控，但是其球茎长出的无性苗较为粗壮，对除草剂的敏感性较低。目前，我国水稻田登记使用的除草剂中对野慈姑具有较好防效的农药包括：苄嘧磺隆、吡嘧磺隆、双唑草腈、双草醚、2甲4氯、灭草松、氟氯吡啶酯。

就飞防技术而言，在水稻移栽后返青时，可以用含有苄嘧磺隆或吡嘧磺隆的除草剂产品，按照农药产品标签标注的登记作物、防治对象和登记剂量使用。在稻田茎叶处理时，可以选用含有2甲4氯、灭草松、氟氯吡啶酯的除草剂产品，按照农药产品标签标注的登记作物、防治对象和登记剂量使用。

2. 鸭舌草和雨久花

两种均为雨久花科雨久花属常见杂草（图3－28）。鸭舌草植株高 15～35cm，全株无毛；叶纸质，全缘有光泽，叶片卵形至卵状披针形，长 2～7cm，宽 0.8～5cm，基部钝圆或浅心形，先端渐尖或有小尖头，弧状平行脉；叶柄较长，基部扩大呈鞘状。总状花序，有花 3～15 朵，蓝色或带紫色。蒴果卵形，长约 1cm，种子多数长约 1mm。雨久花与鸭舌草相似，主要区别在于：茎直立，高 30～70cm；叶片卵状心形或宽心形，基部裂片圆钝，长 4～10cm；花序有花 10 余朵。

图 3－28　鸭舌草（左）和雨久花（右）

鸭舌草和雨久花主要在移栽稻田危害较重。目前，我国水稻田登记使用的除草剂中对鸭舌草和雨久花具有较好防效的药剂主要包括：嘧草酮、丙炔嘧草酮、环戊嘧草酮、乙氧氟草醚、双唑草腈、苄嘧磺隆、吡嘧磺隆、乙氧磺隆、扑草净、双环磺草酮、双草醚、嘧啶肟草醚、环酯草醚、氟吡磺隆、2 甲 4 氯、灭草松、二氯喹啉酸、敌稗、唑草酮、莎稗磷。

就飞防技术而言，在水稻移栽后返青时，可以用含有嘧草酮、丙炔嘧草酮、苄嘧磺隆、吡嘧磺隆、乙氧磺隆中的 1 种或几种有效成分的除草剂产品，按照农药产品标签标注的登记作物、防治对象和登记剂量使用。在稻田茎叶处理时，可以选用含有氯氟吡啶酯、2 甲 4 氯、灭草松除草剂产品，按照农药产品标签标注的登记作物、防治对象和登记剂量使用。

3. 耳基水苋

耳基水苋为千屈菜科水苋菜属一年生草本植物。茎四棱，常多分枝；叶对生，无柄，狭披针形，叶基为耳形；聚伞花序腋生，花瓣4枚淡蓝色，蒴果球形（图3-29）。生于湿地或稻田中。

图3-29 耳基水苋

耳基水苋在各种稻田均能发生危害，同属的水苋菜在我国稻田也较为常见，总体而言危害轻于耳基水苋，就现有的资料而言，稻田水苋菜化学防控方法与耳基水苋防控方法一致。我国水稻田登记使用的除草剂中对耳基水苋具有较好防效的药剂主要包括：双唑草腈、苄嘧磺隆、吡嘧磺隆、乙氧磺隆、2甲4氯、灭草松、氯氟吡氧乙酸、唑草酮、氯氟吡啶酯。

就飞防技术而言，水稻移栽前进行土壤封闭处理，可以用含有吡嘧磺隆、苄嘧磺隆中的1种或几种有效成分的除草剂产品，按照农药产品标签标注的登记作物、防治对象和登记剂量使用。旱直播稻田播后苗前土壤封闭处理，可以使用含有丙草胺或苄嘧磺隆的除草剂产品，按照农药产品标签标注的登记作物、防治对象和登记剂量使用。水直播稻田播后苗前土壤封闭处理，可以使用含有丙草胺（含安全剂）的除草剂产品，按照农药产品标签标注的登记作物、防治对象和登记剂量使用。稻田茎叶处理施药时，可以采用含有灭草松、氯氟吡氧乙酸、唑草酮、氯氟吡啶酯中的1种或几种有效成分的除草剂产品，按照农药产品标签标注的登记作物、防治对象和登记剂量使用。

此外，丁香蓼（*Ludwigia prostrata*）、鳢肠（*Eclipta prostrata*）、节节菜、陌上菜等在水稻田也较为常见，这些杂草在施用过土壤处理除草剂和茎叶处理除草剂的稻田通常危害较轻，因此一般不需专门针对这些杂草选用除草剂，少数稻田发生上述杂草危害进行茎叶处理施药时，可以选用含有双草醚、2甲4氯、灭草松、氯氟吡氧乙酸、氯氟吡啶酯的除草剂产品，按照农药产品标签标注的登记作物、防治对象和登记剂量使用。

四、小麦田主要病害飞防技术

（一）赤霉病

小麦赤霉病别名麦穗枯、烂麦头、红麦头，由镰刀菌属（*Fusarium* spp.）真菌引起，其中最主要的是禾谷镰刀菌（*Fusarium graminearum*）。小麦赤霉病是一种世界性病害，也是我国小麦生产中主要病害之一，不仅导致减产，而且病原菌产生毒素降低小麦品质，危害人、畜健康。小麦赤霉病从幼苗到抽穗都可受害，主要引起苗枯、茎基腐、秆腐和穗腐，其中危害最严重的是穗腐。在小麦扬花时，初在小穗和颖片上产生水浸状浅褐色斑，渐扩大至整个小穗，小穗枯黄，并使被害部以上小穗形成枯白穗；湿度大时，病斑处产生粉红色胶状霉层，后期其上产生密集的蓝黑色小颗粒（病菌子囊壳），用手触摸，有突起感，不能被抹去，籽粒干瘪并伴有白色至粉红色霉（图3-30）。茎基腐自幼苗出土至成熟均可发生，麦株基部组织受害后变褐腐烂，致全株枯死。秆腐多发生在穗下第1、第2节，初在叶鞘上出现水渍状褪绿斑，后扩展为淡褐色至红褐色不规则形斑或向茎内扩展，病情严重时，造成病部以上枯黄，有时不能抽穗或抽出枯黄穗，气候潮湿时病部表面可见粉红色霉层。赤霉病是我国小麦的重要病害，主要发生在长江中下游、江淮、黄淮和华北南部麦区。2012年，该病在我国小麦田的总发生面积超过980万hm^2，发生面积占小麦播种总面积的47%，造成小麦减产超过200万t；2018年我国小麦田赤霉病总发生面积超过

567.2万 hm^2。赤霉病是长江中下游地区的常发性病害，扬花灌浆期麦穗最易感病，因此当地一般在小麦齐穗至扬花初期开始施药防治。

图3-30　小麦赤霉病

目前，我国登记在小麦田防治赤霉病的药剂主要包括：多菌灵、甲基硫菌灵、咪鲜胺、戊唑醇、己唑醇、粉唑醇、氟环唑、丙硫菌唑、福美双、叶菌唑、氟唑菌酰羟胺、吡唑醚菌酯、嘧菌酯、醚菌酯、氰烯菌酯、噻霉酮，以及多粘类芽孢杆菌KN-03、枯草芽孢杆菌、低聚糖素、四霉素、申嗪霉素、氨基寡糖素等生物农药。生产上应用较多的为氰烯菌酯、丙硫菌唑、戊唑醇、福美双及其相应的复配剂。目前，我国小麦赤霉病对多菌灵抗性较为严重，并且多菌灵使用后残留量较大，可能会影响小麦品质。有研究报道，吡唑醚菌酯、嘧菌酯等甲氧基丙烯酸酯类杀菌剂可能刺激毒素产生，不建议用于防治赤霉病。

就飞防技术而言，选择戊唑醇、氰烯菌酯、丙硫菌唑、叶菌唑、氟唑菌酰羟胺等单剂及其混配制剂，选用水剂、水乳剂、悬浮剂、水分散粒剂等剂型，按照农药产品标签标注的登记作物、防治对象和登记剂量使用。通常在田间5%小麦扬花时施药1次，如遇连阴雨、长时间结露等适宜病害流行天气，需在第1次施药后7d

左右进行第2次施药。对高感品种，在小麦抽穗至扬花期遇有阴雨、露水和多雾天气且持续2d以上，首次施药时间应提前至齐穗期。飞防每667m² 用水1kg，应保证药液量并注意添加沉降剂。

（二）白粉病

小麦白粉病是由禾本科布氏白粉菌（*Blumeria graminis*）小麦专化型引起的世界性病害，在各主要产麦国均有分布。该病可侵害小麦植株地上部各器官，但以叶片和叶鞘为主，发病重时颖壳和芒也可受害。初发病时，叶面出现直径1～1.5mm的白色斑点，后逐渐扩大为近圆形至椭圆形白色霉斑，霉斑表面有一层白粉，遇有外力或振动立即飞散（图3-31）。这些粉状物就是该菌的菌丝体和分生孢子。后期病部霉层变为灰白色至浅褐色，病斑上散生有针头大小的小黑粒点，即病原菌的闭囊壳。该病发生适温15～20℃，低于10℃发病缓慢。相对湿度大于70%有可能造成病害流行。施氮过多，造成植株贪青发病重。管理不当、水肥不足、土地干旱，植株生长衰弱，抗病力低，也易发生该病。此外，密度大发病重。目前，小麦白粉病已经发展成为全国20多个产麦省（自治区、直辖市）小麦生产上的重要常发病害。

图3-31 小麦白粉病

小麦白粉病的防治指标受各相关因素的影响，在不同地区会有差别，应根据当地品种进行研究确定，例如研究表明，陕西、江苏苏南地区小麦抽穗期白粉病的防治指标在病叶率20%左右。目前，我国登记在小麦田防治白粉病的药剂主要包括：三唑酮、丙环唑、叶菌唑、戊唑醇、腈菌唑、己唑醇、环丙唑醇、粉唑醇、氯啶菌酯、氟环唑、吡唑醚菌酯、醚菌酯、嘧菌酯、烯唑醇、甲基硫菌灵、福美双、硫黄、咪鲜胺、多抗霉素、大黄素甲醚、枯草芽孢杆菌、蛇床子素、四霉素等。

就飞防技术而言，可选择戊唑醇、三唑酮、丙环唑、叶菌唑、粉唑醇、吡唑醚菌酯、腈菌唑、己唑醇、环丙唑醇、氯啶菌酯、氟环唑、醚菌酯等农药及其混配制剂，选用水剂、水乳剂、悬浮剂、水分散粒剂等剂型，按照农药产品标签标注的登记作物、防治对象和登记剂量使用。飞防每667m^2用水1kg，应保证药液量并注意添加沉降剂。发病初期全田施药，据发病的程度以及防治效果，间隔7～10d再飞防一次。

（三）锈病

小麦锈病分条锈、叶锈、秆锈3种，条锈的病原菌是*Puccinia striiformis* f. sp. *tritici*，叶锈是*P. triticina*，秆锈是*P. graminis* f. sp. *tritici*。3种锈病症状可根据其夏孢子堆和冬孢子堆的形状、大小、颜色、着生部位和排列来区分。群众形象地区分3种锈病："条锈成行，叶锈乱，秆锈成个大红斑"。小麦条锈病发病部位主要是叶片，叶鞘、茎秆和穗部也可发病。初期在病部出现褪绿斑点，以后形成鲜黄色的粉疱，即夏孢子堆；夏孢子堆较小，长椭圆形，与叶脉平行排列成条状；后期长出黑色、狭长形、埋伏于表皮下的条状疱斑，即冬孢子堆（图3-32）。小麦叶锈病发病初期出现褪绿斑，以后出现红褐色粉疱（夏孢子堆）；夏孢子堆较小，橙褐色，在叶片上不规则散生；后期在叶背面和茎秆上长出黑色阔椭圆形至长椭圆形、埋于表皮下的冬孢子堆，其有依麦秆纵向排列的趋向。秆锈病害部位以茎秆和叶鞘为主，也危害叶片和穗部；夏孢子堆较

大，长椭圆形至狭长形，红褐色，不规则散生，常连成大斑，孢子堆周围表皮开裂翻起，夏孢子可穿透叶片。后期病部长出黑色椭圆形至狭长形、散生、突破表皮、呈粉疱状的冬孢子堆（表3-2）。

图3-32　小麦条锈病

表3-2　小麦3种锈病田间症状比较（夏孢子堆性状）

性状	条锈病	叶锈病	秆锈病
发生时期	早	较早	晚
侵害部位	叶片为主，叶鞘、茎秆、穗部次之	叶片为主，叶鞘、茎秆上少见	茎秆、叶片、叶鞘为主，穗部少见
大小	最小	居中	最大
形状	狭长至长椭圆形	圆形至长椭圆形	长椭圆形至长方形
颜色	鲜黄色	橘黄色	黄褐色
排列	成株上成行，幼苗上多重轮状，多不穿透叶背	散乱无规则，多不穿透叶背	散乱无规则，可穿透叶背，叶背的粉疱比叶面大
表皮开裂	不明显	开裂一圈	大片开裂，呈窗户状向两侧翻开

小麦条锈病菌主要在陕西关中、华北平原中南部、成都平原及江汉流域等冬麦区以潜伏菌丝或夏孢子越冬或冬繁，春季小麦返青后潜伏菌丝长出夏孢子，反复侵染小麦，并向北部麦区传播，直至

小麦生长中后期夏孢子随东南风吹到甘肃、四川、青海、宁夏等高山、冷凉地带的晚熟冬小麦和春小麦及自生麦苗上繁殖蔓延，越过夏季，秋季越夏菌原又随着西北风传播到平原地区和海拔较低地区的冬小麦田侵害麦苗，进而循环反复，构成小麦条锈病的全国大区循环暴发。小麦叶锈病对温度的适应范围较大，在所有种麦地区，夏季均可在自生麦苗上繁殖，成为当地秋苗发病的菌源。秆锈病同叶锈病基本一样，但越冬要求温度比叶锈高，一般在最冷月日均温为10℃左右的福建、广东东南沿海地区和云南南部地区越冬。目前小麦锈病防治包括布局和种植抗病品种、麦收后翻耕灭茬、药剂防治，从飞防角度来看，需要通过飞防的小麦锈病以条锈和叶锈为主。小麦锈病的防治指标受各相关因素的影响，在不同地区会有差别，应根据当地品种进行研究确定。以条锈病为例，早期的研究表明小麦条锈病的防治指标在小麦扬花期普遍率20%左右。谈孝凤等2009年在贵州的研究表明，小麦条锈病的防治指标为病叶率2%或剑叶严重度1%。

目前，我国在小麦田登记防治锈病的农药主要包括：戊唑醇、苯醚甲环唑、氟环唑、己唑醇、三唑醇、丙环唑、烯唑醇、咯菌腈、噻呋酰胺、醚菌酯、井冈霉素、多抗霉素、木霉菌、混合氨基酸铜等。

就飞防技术而言，可选用含有嘧啶核苷类抗菌素、丙环唑、叶菌唑、氟环唑、环丙唑醇、粉唑醇、三唑酮、戊唑醇、吡唑醚菌酯、醚菌酯、己唑醇或烯唑醇的药剂，按照农药产品标签标注的登记作物、防治对象和登记剂量使用。飞防每667m^2用水1kg，应保证药液量并注意添加沉降剂。发病初期全田施药，据发病的程度以及防治效果，间隔7～10d再飞防一次。

（四）纹枯病

小麦纹枯病是世界性的小麦病害之一，目前已成为我国麦区常发病害。它的致病菌主要为禾谷丝核菌（*Rhizoctonia cerealis*）和立枯丝核菌（*R. solani*）。小麦受纹枯病菌侵染后，在各生育阶段出现烂芽、病苗枯死、花秆烂茎、枯株白穗等症状，主要发生在小麦的叶鞘和茎秆上。小麦拔节后，症状逐渐明显。发病初期，在地表或近地表的叶鞘上产生黄褐色病斑，之后病部逐渐扩大，颜色变深，并开始危害茎部，重病株基部一、二节变黑甚至腐烂，常早期死亡；小麦生长中期至后期，叶鞘上的病斑呈云纹状花纹；病斑无规则，严重时包围全叶鞘，使叶鞘及叶片早枯。在田间湿度大、通气性不好的条件下，病鞘与茎秆之间或病斑表面常产生白色霉状物(图 3-33)。小麦纹枯病具有冬前和拔节期两个发病高峰，冬前病害发生程度直接影响到后期病害发展，应重点控制。小麦纹枯病的防治主要包括种植抗病品种，通过栽培和田间管理措施增强植株抗病能力，例如控制播种量、及时除草和加强田间管理、开沟排水等，以及施用药剂防治。小麦纹枯病的防治指标受各相关因素的影响，在不同地区会有差别，应根据当地品种进行研究确定。例如，王玉正等 1997 年的研究报道指出，山东小麦纹枯病的防治适期在返青后拔节期，防治指标为病株率 15%或病情指数 4%。

图 3-33 小麦纹枯病

目前，我国在小麦田登记防治纹枯病的农药主要包括：戊唑醇、苯醚甲环唑、氟环唑、己唑醇、三唑醇、丙环唑、烯唑醇、咯菌腈、噻呋酰胺、醚菌酯、井冈霉素、多抗霉素、木霉菌、混合氨基酸铜等。

就飞防技术而言，可选择噻呋酰胺、氟环唑、丙环唑、戊唑醇、己唑醇、井冈霉素等农药及其混配制剂，选用水剂、水乳剂、悬浮剂、水分散粒剂等剂型，按照农药产品标签标注的登记作物、防治对象和登记剂量使用。飞防每 667m^2 用水 1kg，应保证药液量并注意添加沉降剂。发病初期全田施药，据发病的程度以及防治效果，可选择合适的药剂再飞防一次。

五、小麦主要虫害飞防技术

小麦害虫是影响小麦产量和质量的重要因素之一。世界已知小麦害虫 400 种以上，我国达 230 多种，其中 37 种为我国常见的小麦害虫。在我国发生普遍、危害严重、可以通过飞防进行治理的小麦害虫主要包括麦蚜、吸浆虫、麦蜘蛛、黏虫等。

（一）麦蚜

在我国各小麦产区，麦蚜主要包括麦长管蚜（*Macrosiphum avenae*）、麦二叉蚜（*Schizaphis graminum*）、禾谷缢管蚜（*Rhopalosiphum padi*）和麦无网长管蚜（*Metopolophium dirhodum*）等，常混合发生危害（图 3－34）。麦蚜通过吸食小麦营养，影响光合作用以及传播病毒病，导致小麦减产和品质下降。目前，麦蚜在我国各麦区仍呈中等偏重发生态势，全国麦蚜年发生面积持续保持在 1.5 亿亩次以上。麦蚜防治在策略上需针对不同生态区的种群组成特点和小麦种植特点因地制宜，依据科学的防治指标和天敌利用指标，协调农业措施、生物防治措施、化学防治措施进行综合防控。就飞防而言，一般麦区麦蚜的防治适期在小麦扬花灌浆期。麦蚜的防治指标可通过蚜虫种群密度与小麦产量损失率相关性分析，结合小麦经济损失允许水平等多因素确定，因此受各相关因素的影响，在不同地区会有差别。例如，以麦长管蚜为单种群或为优势种群时，防治指标为百株蚜量 500～800 头；以禾谷缢管蚜为单种群或为优势种群时，防治指标为百株蚜量 1 500～2 000 头。

图 3-34 麦蚜危害

目前，我国在小麦田登记防治蚜虫的农药主要包括：氟啶虫胺腈、啶虫脒、吡蚜酮、吡虫啉、噻虫嗪、呋虫胺、噻虫胺、抗蚜威、双丙环虫酯、金龟子绿僵菌、球孢白僵菌、藜芦碱、苦参碱、耳霉菌、溴氰菊酯、高效氯氟氰菊酯、联苯菊酯、S-氰戊菊酯、顺式氯氰菊酯、氯氰菊酯、毒死蜱、三唑磷、敌敌畏、氧乐果、马拉硫磷等，生产上建议推广使用中等毒性以下药剂。

就飞防技术而言，可选择吡蚜酮、吡虫啉、噻虫嗪、呋虫胺、啶虫脒、高效氯氟氰菊酯、抗蚜威等农药及其混配制剂，选用水剂、水乳剂、悬浮剂、水分散粒剂等剂型，按照农药产品标签标注的登记作物、防治对象和登记剂量使用。飞防每 667m^2 用水 1kg，应保证药液量。

（二）小麦吸浆虫

我国小麦吸浆虫主要包括瘿蚊科的麦红吸浆虫（*Sitodiplosis mosellana*）和麦黄吸浆虫（*Contarinia tritici*）。自 20 世纪 80 年代以来，主要发生的是麦红吸浆虫。麦红吸浆虫以幼虫吸食麦粒汁液，造成麦粒干瘪、空壳或霉烂，一般减产 10%～20%，重则减产 30%～50%，甚至绝产。麦红吸浆虫主要发生在黄河流域麦区的陕西、河南和河北等省，近几年其危害出现北移东扩的趋势，且发生危害具有隐蔽性、间歇性、局部性和暴发性的特点，常造成严重危害。

目前，我国在吸浆虫危害麦区主要采取“兼防一般田块，普防达标田块，统防重发田块”的防治原则和“系统监测，穗期保护，分级化防”的防控技术路线。防治方法主要包括农业防治、生物防治和化学防治。农业防治包括选用抗虫品种，调整作物布局，实行轮作倒茬，深翻耕，调整播种期，优化田间水肥管理等；生物防治主要通过利用天敌防控；麦红吸浆虫的化学防治有 3 个时期，即麦播期的土壤处理、春季拔节至孕穗期的土壤封闭和穗期的成虫防治。

目前将小麦抽穗 70%～80%作为麦红吸浆虫成虫期的防治适期。麦红吸浆虫的防治指标可通过害虫种群密度与小麦产量损失率相关性分析，结合小麦经济损失允许水平等多因素确定，因此受各相关因素的影响，在不同地区会有差别。例如，1988 年在陕西开展小麦吸浆虫防治指标试验研究，王明奎报道为每平方米 360 头，汪耀文等报道为每平方米 500 头。

目前，我国在小麦田登记防治吸浆虫的农药主要包括：毒死蜱、二嗪磷、高效氯氟氰菊酯、倍硫磷等。生产上建议推广使用中等毒性以下药剂。

就飞防技术而言，在成虫防治适期，可选择高效氯氟氰菊酯、毒死蜱、二嗪磷等农药及其混配制剂，选用水剂、水乳剂、悬浮剂、水分散粒剂等剂型，按照农药产品标签标注的登记作物、防治对象和登记剂量使用。飞防每 667m^2 用水 1kg，应保证药液量。

（三）麦蜘蛛

我国麦区主要麦蜘蛛种类是麦圆蜘蛛（*Penthaleus major*）和麦长腿蜘蛛（*Petrobia lateens*）。麦圆蜘蛛又称为麦叶爪螨，属于蛛形纲蜱螨目叶爪螨科，有较强的活动性，可随田间的环境条件改变栖息场所，主要分布在北纬 37°以南地区，如山东、山西、陕西、河南、安徽、江苏、浙江、江西、湖北、四川等地。麦长腿蜘

蛛又称为麦岩螨，属于蛛形纲蜱螨目叶螨科，主要分布在河北、山西、山东、陕西、甘肃、内蒙古、青海、西藏、河南、安徽等地。麦蜘蛛春、秋两季均能危害，以春季危害为重，刺吸麦叶汁液，麦叶受伤后先出现白斑，继而变黄。麦株受害轻时植株矮小，麦穗少而小，受害重时不能抽穗，继而枯死（图 3－35）。

图 3－35　麦蜘蛛危害

麦蜘蛛的防治方法主要包括农业防治和化学防治。农业防治措施包括灌水灭茬、精细整地、加强田间管理等。化学防治在小麦返青后当麦垄单行每 33cm 有虫 200 头或每株有虫 6 头时即可施药防治。

目前，我国在小麦田登记防治红蜘蛛的农药主要包括：阿维菌素、联苯菊酯、氰戊·氧乐果等，生产上建议推广使用中等毒性以下药剂。

就飞防技术而言，在防治适期，可选择阿维菌素、联苯菊酯等农药及其混配制剂，选用水剂、水乳剂、悬浮剂、水分散粒剂等剂型，按照农药产品标签标注的登记作物、防治对象和登记剂量使用。飞防每 667m^2 用水 1kg，应保证药液量。

（四）小麦黏虫

小麦黏虫（*Mythimna separata*）具有迁飞性、暴食性、群聚性的危害特性，严重威胁我国的粮食生产。小麦黏虫以幼虫危害叶片、嫩茎和麦穗等，使叶片形成缺刻或咬断茎秆、麦穗或吃光叶片，常造成大幅度减产（图 3－36）。

小麦黏虫的防控方法主要包括农业防治、物理防治、生物防治和化学防治。农业措施包括深翻耕、精细整地、加强田间管理等。物理防治主要包括诱集成虫产卵、诱剂诱杀成虫等。生物防治主要

图 3-36　小麦黏虫

为利用天敌防治，以及用生物农药防治。化学防治主要为利用杀虫剂杀灭。小麦黏虫的防治指标可通过黏虫种群密度与小麦产量损失率相关性分析，结合小麦经济损失允许水平等多因素确定，因此受各相关因素的影响，在不同地区会有差别。例如，李文强等 2017 年的研究报道指出，山东济宁地区小麦黏虫的防治指标为每平方米 26 头。

目前，我国在小麦田登记防治黏虫的农药主要包括：高效氯氟氰菊酯、溴氰菊酯、S-氰戊菊酯、氯菊酯、乙酰甲胺磷、敌敌畏、敌百虫、马拉硫磷、哒嗪硫磷、除虫脲等。生产上建议推广使用中等毒性以下药剂。

就飞防技术而言，在害虫发生始盛期，可选择高效氯氟氰菊酯、溴氰菊酯、S-氰戊菊酯、敌敌畏、敌百虫、除虫脲等农药及其混配制剂，选用水剂、水乳剂、悬浮剂、水分散粒剂等剂型，按照农药产品标签标注的登记作物、防治对象和登记剂量使用。飞防每 $667m^2$ 用水 1kg，应保证药液量。

六、小麦主要草害飞防实用技术

我国麦田常见杂草有 200 多种，其中危害面积达 200 万 hm^2 以上的杂草有 5 种：野燕麦（*Avena fatua*）、猪殃殃（*Galium aparine*）、播娘蒿（*Descurainia sophia*）、看麦娘（*Alopecurus aequalis*）和牛繁缕（*Myosoton aquaticum*）。此外，日本看麦娘

(*Alopecurus japonicus*)、菵草（*Beckmannia syzigachne*）、节节麦（*Aegilops tauschii*）、耿氏假硬草（*Pseudosclerochloa kengiana*）、棒头草（*Polypogon fugax*）、大巢菜（*Vicia sativa*）、波斯婆婆纳（*Veronica persica*）、荠菜（*Capsella bursa - pastoris*）、泽漆（*Euphorbia helioscopia*）、宝盖草（*Lamium amplexicaule*）、小蓟（*Cirsium belingschanicum*）等在我国不同气候区麦田也较常见，有时造成较重的草害。

（一）禾本科杂草

作为禾本科作物，小麦与禾本科杂草亲缘关系接近，生物学和生态学习性及生理特性相似，因此小麦田禾本科杂草防治较为困难。特别是与小麦亲缘关系极为接近的节节麦，到目前为止没有理想的除草剂可以用于麦田节节麦茎叶处理杀灭，甲基二磺隆虽然有一定的抑制作用，但防效和对小麦的安全性之间存在矛盾，难以达到理想。就我国稻茬小麦田而言，发生普遍、危害严重的禾本科杂草主要包括日本看麦娘、菵草、看麦娘，局部地区多花黑麦草、棒头草、鬼蜡烛、早熟禾发生危害较重。就旱茬小麦而言，发生普遍、危害严重的禾本科杂草主要包括野燕麦和节节麦，部分地区小麦田耿氏假硬草、多花黑麦草、大穗看麦娘危害较重。

1. 看麦娘属杂草

看麦娘秆少数丛生，细瘦，光滑，节处常膝曲。叶鞘光滑，短于节间；叶舌膜质，长2～5mm；叶片扁平，长3～10cm，宽2～6mm。圆锥花序灰绿色，小穗椭圆形或卵状长圆形，长2～3mm；花药橙黄色。颖果长约1mm（图3-37）。

日本看麦娘秆少数丛生，直立或基部膝曲，具3～4节。叶鞘松弛；叶舌膜质，长2～5mm；叶片上面粗糙，下面光滑，长3～12mm，宽3～7mm。圆锥花序圆柱状，长3～10cm，宽4～10mm；小穗长圆状卵形，长5～6mm，外稃略长于颖，芒长8～12mm，近稃体基部伸出，上部粗糙，中部稍膝曲；花药色淡或白色，长约1mm。颖果半椭圆形，长2～2.5mm（见图3-37）。

图 3-37　日本看麦娘、大穗看麦娘、看麦娘种子和成株

大穗看麦娘秆直立，直径约 2mm。叶片宽约 3mm，叶舌长约 2mm。圆锥花序圆柱形，长达 8cm；小穗长圆形，长 4～5mm；外稃与小穗等长，膜质，具 5 脉，芒自背面中部以下发出，外露；花药长约 2mm。颖果长圆形，包于稃中，长约 2.5mm（见图 3-37）。

看麦娘属杂草是麦田除草剂研发中最重要的除草剂靶标杂草类群，我国目前登记使用的小麦田除草剂中，对看麦娘属杂草有较好防效的包括：异丙隆、绿麦隆、二甲戊灵、乙草胺、吡氟酰草胺、野麦畏、啶磺草胺、氟唑磺隆、甲基二磺隆、精噁唑禾草灵、炔草酯、唑啉草酯、三甲苯草酮、环吡氟草酮。

就飞防技术而言，在小麦越冬前土壤封闭处理或早期茎叶处理，可以用含有二甲戊灵或乙草胺或吡氟酰草胺的除草剂产品，按照农药产品标签标注的登记作物、防治对象和登记剂量使用。小麦 3～6 叶期茎叶杀草处理，可以用含有啶磺草胺、氟唑磺隆、甲基二磺隆、精噁唑禾草灵、炔草酯、唑啉草酯、三甲苯草酮、环吡氟草酮中的1种或2种有效成分的除草剂产品，按照农药产品标签标注的登记作物、防治对象和登记剂量使用。注意土壤处理施药需确保田间墒情较好，并且飞防施药需保证每667m² 用水1L以上。此外，麦田飞防除草防效常不如常规喷雾，因此在看麦娘属杂草发生量大的田块，应加大用水量或者进行常规喷雾。

2. 菵草

秆直立，具2～4节。叶鞘无毛，多长于节间；叶舌透明膜质，长3～8mm；叶片扁平，长5～20cm，宽3～10mm。圆锥花序长10～30cm，分枝稀疏，直立或斜升；小穗扁平，圆形，灰绿色，常含1小花，长约3mm；花药黄色，长约1mm。颖果黄褐色，长圆形，长约1.5mm，先端具丛生短毛（图3-38）。

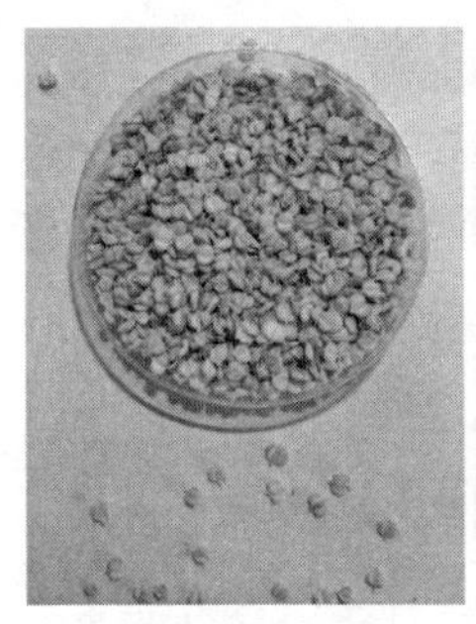

图3-38　菵草种子、幼苗、成株

菵草是麦田除草剂研发中的重要靶标杂草，我国目前登记使用的小麦田除草剂中，对其有较好防效的包括：乙草胺、异丙隆、氟噻草胺、甲基二磺隆、炔草酯、唑啉草酯、三甲苯草酮。

就飞防技术而言，在小麦越冬前土壤封闭处理或早期茎叶处理，可以用含有乙草胺或氟噻草胺或吡氟酰草胺的除草剂产品，按照农药产品标签标注的登记作物、防治对象和登记剂量使用。小麦3～6叶期茎叶杀草处理，可以用含有甲基二磺隆、炔草酯、唑啉草酯、三甲苯草酮的除草剂产品，按照农药产品标签标注的登记作物、防治对象和登记剂量使用。注意土壤处理施药需确保田间墒情较好，并且飞防施药需保证每667m² 用水1L以上。此外，麦田飞防除草防效常不如常规喷雾，因此在茵草发生量大的田块，应加大用水量或者进行常规喷雾。

3. 野燕麦

野燕麦须根较坚韧，秆直立，光滑无毛，高 60～120cm，具 2～4节。叶鞘松弛，叶舌透明膜质，长 1～5mm；叶片扁平，长 10～30cm，宽 4～12mm。圆锥花序开展，金字塔形，长 10～25cm，分枝具棱角，粗糙；小穗长 18～25mm，含 2～3 小花，其柄弯曲下垂，顶端膨胀；小穗轴密生淡棕色或白色硬毛，其节脆硬易断落；外稃质地坚硬，第 1 外稃长 15～20mm，背面中部以下具淡棕色或白色硬毛，芒自稃体中部稍下处伸出，长 2～4cm。颖果被淡棕色柔毛，腹面具纵沟，长 6～8mm（图 3－39）。

图 3－39　野燕麦

我国目前登记使用的小麦田除草剂中，对野燕麦有较好防效的包括：乙草胺、异丙隆、绿麦隆、野麦畏、氟唑磺隆、甲基二磺隆、炔草酯、唑啉草酯、三甲苯草酮、啶磺草胺、精噁唑禾草灵、野燕枯。

就飞防技术而言，在小麦越冬前土壤封闭处理或早期茎叶处理，可以用含有乙草胺的除草剂产品，按照农药产品标签标注的登记作物、防治对象和登记剂量使用。小麦 3～6 叶期茎叶杀草处理，可以用含有氟唑磺隆、甲基二磺隆、炔草酯、唑啉草酯、三甲苯草酮、啶磺草胺、精噁唑禾草灵、野燕枯中的1种或几种有效成分的除草剂产品，按照农药产品标签标注的登记作物、防治对象和登记剂量使用。注意：土壤处理施药需确保田间墒情较好，并且飞防施药需保证每667m^{2}用水1L以上。此外，麦田飞防除草防效常不如常规喷雾，因此在杂草发生量大的田块，应加大用水量或者进行常规喷雾。

4. 耿氏假硬草

秆直立或基部斜升，高20～30cm，具3节，节部较肿胀。叶鞘平滑，下部闭合，长于其节间，具脊；叶舌长2～3.5mm；叶片线形，长5～14cm，宽3～4mm。圆锥花序直立，坚硬，长8～12cm，宽1～3cm，紧缩而密集；分枝平滑，粗壮，直立开展，常一长一短孪生于各节；小穗轴节间粗厚，长约1mm。颖果纺锤形，长约1.5mm（图3-40）。

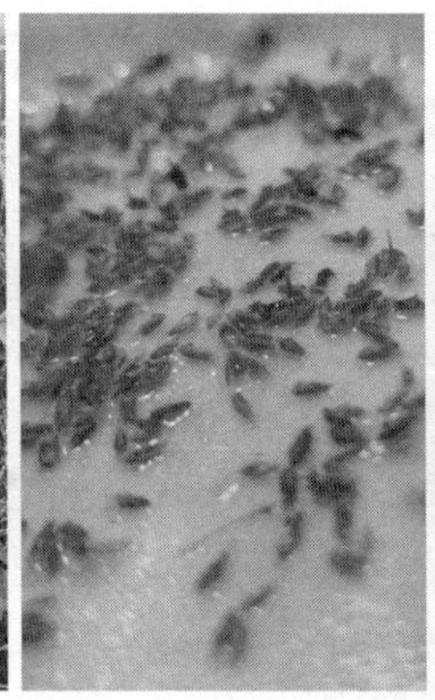

图3-40　耿氏假硬草

我国目前登记使用的小麦田除草剂中，对耿氏假硬草有较好防效的包括：乙草胺、异丙隆、啶磺草胺、甲基二磺隆、炔草酯、唑啉草酯、三甲苯草酮、精噁唑禾草灵、环吡氟草酮。

就飞防技术而言，在小麦越冬前土壤封闭处理或早期茎叶处理，可以用含有乙草胺的除草剂产品，按照农药产品标签标注的登记作物、防治对象和登记剂量使用。小麦3～6叶期茎叶杀草处理，可以用含有啶磺草胺、甲基二磺隆、炔草酯、唑啉草酯、三甲苯草酮、环吡氟草酮的除草剂产品，按照农药产品标签标注的登记作物、防治对象和登记剂量使用。注意土壤处理施药需确保田间墒情较好，并且飞防施药需保证每 667m^2 用水 1L 以上。此外，麦田飞防除草防效常不如常规喷雾，因此在杂草发生量大的田块，应加大用水量或者进行常规喷雾。

5. 多花黑麦草

秆直立或基部偃卧节上生根，高 50～130cm，具 4～5 节。叶鞘疏松；叶舌长达 4mm，有时具叶耳；叶片扁平，长 10～20cm，宽 3～8mm，无毛，上面微粗糙。穗形总状花序直立或弯曲，长 15～30cm，宽 5～8mm；穗轴柔软；小穗含 10～15 小花，长 10～18mm，宽 3～5mm；外稃具细芒或上部小花无芒。颖果长圆形，长为宽的 3 倍（图 3－41）。

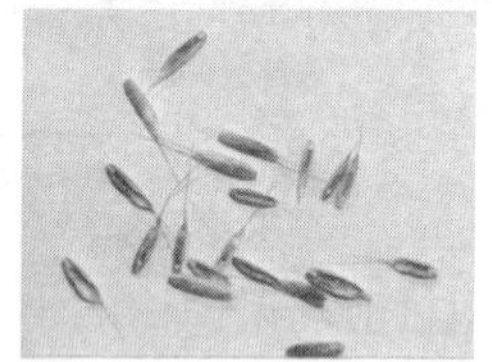

图 3－41　多花黑麦草

我国目前登记使用的小麦田除草剂中，对多花黑麦草有较好防效的包括：乙草胺、异丙隆、啶磺草胺、甲基二磺隆、氟唑磺隆、精噁唑禾草灵、炔草酯、唑啉草酯、三甲苯草酮。

就飞防技术而言，在小麦越冬前土壤封闭处理或早期茎叶处理，可以用含有乙草胺的除草剂产品，按照农药产品标签标注的登记作物、防治对象和登记剂量使用。小麦3～6叶期茎叶杀草处理，可以用含有啶磺草胺、氟唑磺隆、甲基二磺隆、精噁唑禾草灵、炔草酯、唑啉草酯、三甲苯草酮的除草剂产品，按照农药产品标签标注的登记作物、防治对象和登记剂量使用。注意土壤处理施药需确保田间墒情较好，并且飞防施药需保证每667m^2用水1L以上。此外，麦田飞防除草防效常不如常规喷雾，因此在杂草发生量大的田块，应加大用水量或者进行常规喷雾。

6. 鬼蜡烛

秆细瘦，直立，丛生，基部常膝曲，高3～45cm，具3～5节。叶鞘短于节间，紧密或松弛；叶舌膜质，长2～4mm；叶片扁平，长1.5～15cm，宽2～6mm，先端尖。圆锥花序紧密，呈窄的圆柱状，长0.8～10cm，宽4～8mm，成熟后草黄色；小穗楔形或倒卵形，长2～3mm。颖果长约1mm（图3-42）。

图3-42 鬼蜡烛

我国目前登记使用的小麦田除草剂中，对鬼蜡烛有较好防效的包括：乙草胺、异丙隆、绿麦隆、丙草胺、二甲戊灵、啶磺草胺、氟唑磺隆、炔草酯、唑啉草酯、三甲苯草酮。

就飞防技术而言，在小麦越冬前土壤封闭或早期茎叶处理，可以用含有乙草胺、丙草胺或二甲戊灵的除草剂产品，按照农药产品标签标注的登记作物、防治对象和登记剂量使用。小麦 3～6 叶期茎叶杀草处理，可以用含有啶磺草胺、氟唑磺隆、炔草酯、唑啉草酯、三甲苯草酮中 1 种或几种有效成分的除草剂产品，按照农药产品标签标注的登记作物、防治对象和登记剂量使用。注意：土壤处理施药需确保田间墒情较好，并且飞防施药需保证每 667m^2 用水 1L 以上。此外，麦田飞防除草防效常不如常规喷雾，因此在杂草发生量大的田块，应加大用水量或者采用常规喷雾。

（二）阔叶杂草

阔叶杂草种类较多，不同气候区小麦田阔叶杂草种类组成差异较大。总体上，近几年来我国小麦田发生普遍、危害严重的阔叶杂草主要包括：牛繁缕、猪殃殃、荠菜、播娘蒿，部分地区小麦田波斯婆婆纳、宝盖草、泽漆发生较重。

1. 猪殃殃

茜草科多枝、蔓生或攀缘状草本；茎有 4 棱角，棱上、叶缘及叶下面中脉上均有倒生小刺毛。叶 4～8 片轮生，近无柄；叶片纸质或近膜质，条状倒披针形，长 1～3cm，顶端有凸尖头，1 脉，干时常卷缩。聚伞花序腋生或顶生，单生或 2～3 个簇生；花小，黄绿色，4 基数。果干燥，密被钩毛，果梗直立（图 3－43）。

我国目前登记使用的小麦田除草剂中，对猪殃殃有较好防效的包括：吡氟酰草胺、苄嘧磺隆、双氟磺草胺、唑嘧磺草胺、酰嘧磺隆、甲基碘磺隆、氯氟吡氧乙酸、麦草畏、唑草酮、吡草醚、灭草松。

就飞防技术而言，在小麦越冬前土壤封闭处理或早期茎叶处理，可用含有吡氟酰草胺或苄嘧磺隆的除草剂产品，按照农药产品标签标注的登记作物、防治对象和登记剂量使用。小麦 3～6 叶期茎叶杀草处理，可用含有双氟磺草胺、唑嘧磺草胺、酰嘧磺隆、甲基碘磺隆、氯氟吡氧乙酸、麦草畏、唑草酮、吡草醚或灭草松中

图 3-43 猪殃殃

1 种或几种有效成分的除草剂产品，按照农药产品标签标注的登记作物、防治对象和登记剂量使用。注意土壤处理施药需确保田间墒情较好，并且飞防施药需保证每 667m² 用水 1L 以上。此外，麦田飞防除草防效常不如常规喷雾，因此在杂草发生量大的田块，应加大用水量或者采用常规喷雾。

2. 牛繁缕

石竹科草本植物，具须根。茎上升，多分枝，上部被腺毛。叶片卵形或宽卵形，有时边缘具毛。顶生二歧聚伞花序；苞片叶状，边缘具腺毛；花梗细，长 1～2cm，花后伸长并向下弯，密被腺毛；萼片外面被腺柔毛；花瓣白色，2 深裂至基部；雄蕊 10，花柱 5 个呈丝状。蒴果卵圆形，稍长于宿存萼（图 3-44）。

我国目前登记使用的小麦田除草剂中，对牛繁缕有较好防效的

图 3-44 牛繁缕

包括：异丙隆、绿麦隆、呋草酮、吡氟酰草胺、双氟磺草胺、唑嘧磺草胺、甲基碘磺隆、噻吩磺隆、苯磺隆、苄嘧磺隆、氯氟吡氧乙酸、麦草畏、氨氯吡啶酸、吡草醚。

就飞防技术而言，在小麦越冬前土壤封闭处理或早期茎叶处理，可以用含有呋草酮或吡氟酰草胺的除草剂产品，按照农药产品标签标注的登记作物、防治对象和登记剂量使用。小麦 3～6 叶期茎叶杀草处理，可以用含有双氟磺草胺、唑嘧磺草胺、甲基碘磺隆、噻吩磺隆、苯磺隆、苄嘧磺隆、氯氟吡氧乙酸、麦草畏、氨氯吡啶酸或吡草醚中 1 种或几种有效成分的除草剂产品，按照农药产品标签标注的登记作物、防治对象和登记剂量使用。注意土壤处理施药需确保田间墒情较好，并且飞防施药需保证每 667m^2 用水 1L 以上。此外，麦田飞防除草防效常不如常规喷雾，因此在杂草发生量大的田块，应加大用水量或者采用常规喷雾。

3. 荠菜和播娘蒿

荠菜为十字花科直立草本，单一或从下部分枝。基生叶丛生呈莲座状，羽状分裂，长可达 12cm，宽可达 2.5cm，偶有不裂至全缘；茎生叶基部箭形，抱茎，边缘有缺刻或锯齿。总状花序顶生及腋生，花瓣白色，卵形。短角果倒三角形或倒心状三角形，扁平，无毛，顶端微凹，裂瓣具网脉。

播娘蒿也为十字花科直立草本，高 20～80 厘米，茎分枝多，常于下部成淡紫色。叶为 3 回羽状深裂，下部叶具柄，上部叶无柄。花序伞房状；萼片直立，早落；花瓣黄色，长圆状倒卵形，长 2～2.5mm，具爪。长角果圆筒状，长 2.5～3cm，果梗长 1～2cm。种子小，长约 1mm，稍扁，淡红褐色，表面有细网纹（图 3-45）。

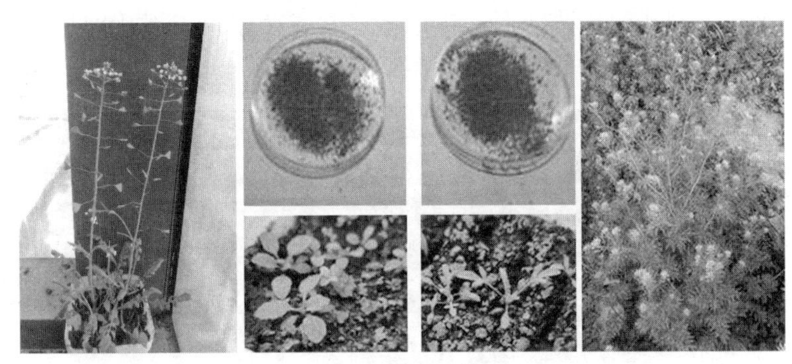

图 3-45　荠菜和播娘蒿

我国目前登记使用的小麦田除草剂中，对荠菜和播娘蒿有较好防效的包括：二甲戊灵、吡氟酰草胺、呋草酮、双氟磺草胺、唑嘧磺草胺、酰嘧磺隆、甲基碘磺隆、噻吩磺隆、甲基二磺隆、单嘧磺隆、苯磺隆、苄嘧磺隆、2 甲 4 氯、唑草酮。

就飞防技术而言，在小麦越冬前土壤封闭处理或早期茎叶处理，可以用含有二甲戊灵、呋草酮或吡氟酰草胺的除草剂产品，按照农药产品标签标注的登记作物、防治对象和登记剂量使用。小麦 3～6 叶期茎叶杀草处理，可以用含有双氟磺草胺、唑嘧磺草胺、酰嘧磺隆、甲基碘磺隆、噻吩磺隆、甲基二磺隆、单嘧磺隆、苯磺隆、苄嘧磺隆、2 甲 4 氯、唑草酮中 1 种或几种有效成分的除草剂产品，按照农药产品标签标注的登记作物、防治对象和登记剂量使用。注意：土壤处理施药需确保田间墒情较好，并且飞防施药需保证每 667m^2 用水 1L 以上。此外，麦田飞防除草防效常不如常规喷雾，因此在杂草发生量大的田块，应加大用水量或者进行常规喷雾。

4. 波斯婆婆纳

旱连作小麦田婆婆纳造成严重草害的报道越来越多，在多数小麦田，危害严重的婆婆纳属杂草主要为波斯婆婆纳，也称为阿拉伯婆婆纳。波斯婆婆纳为玄参科多分枝草本。叶对生，卵形或圆形，边缘具钝齿。总状花序很长，苞片互生，与叶同形近等大；花萼果期增大，裂片卵状披针形，花冠蓝、紫或蓝紫色，裂片卵形或圆形。蒴果肾形，种子背面具深横纹（图 3-46）。

图 3-46　波斯婆婆纳

我国目前登记使用的小麦田除草剂中，对波斯婆婆纳有较好防效的包括：吡氟酰草胺、呋草酮、啶磺草胺、辛酰溴苯腈、乙羧氟草醚。

就飞防技术而言，在小麦越冬前土壤封闭处理或早期茎叶处理，可以用含有呋草酮或吡氟酰草胺的除草剂产品，按照农药产品标签标注的登记作物、防治对象和登记剂量使用。小麦 3～6 叶期茎叶杀草处理，可以用含有啶磺草胺、辛酰溴苯腈、酰嘧磺隆、吡草醚的除草剂产品，按照农药产品标签标注的登记作物、防治对象和登记剂量使用。注意：土壤处理施药需确保田间墒情较好，并且飞防施药需保证每 667m^2 用水 1L 以上。此外，麦田飞防除草防效常不如常规喷雾，因此在杂草发生量大的田块，应加大用水量或者进行常规喷雾。

第四章 稻麦病虫草害飞防综合技术

一、稻田病害和虫害飞防综合技术

水稻病虫害防治以高产、优质、高效、生态和安全生产为目标，以重大病虫害为主攻对象，坚持“综合防治，预防为主”的防治理念。在整个水稻生产过程，集成种子处理加飞防的绿色高效水稻病虫害综合防控技术，将稻田病虫害种群密度控制在经济允许的水平以下。

根据农业农村部制定的《到2020年农药使用量零增长行动方案》的要求，种子处理技术是病虫害防治措施中较为可行的方法，具有操作简便、环保、安全，成本低，防效好等特点。药剂拌种是种子处理技术的常见方法，有以下几方面的作用：一是防治种传病害和土传病害，例如恶苗病、立枯病、根腐病、干尖线虫病等；二是防治苗期病虫害，例如纹枯病、病毒病、稻蓟马、稻飞虱等，药剂拌种的药效比较持久，可以使作物幼苗免受危害；三是保护种子安全。安全药量下的药剂拌种可以使种子整齐出苗并且保持健壮的长势，提高作物的抗病能力。

防治恶苗病、干尖线虫病可用氰烯·杀螟丹、杀螟·乙蒜素浸种；稻瘟病发病较重的地区和感病品种，可用肟菌·异噻胺拌种；防治纹枯病可用噻呋酰胺拌种；防治灰飞虱可用噻虫嗪、吡蚜酮、呋虫胺拌种；防治稻蓟马可用噻虫胺、丁硫克百威拌种。

稻田病虫害飞防适期主要为水稻分蘖期至水稻齐穗期，具体防治技术如下：

（一）水稻分蘖末期

此期主要病虫害有稻飞虱、纹枯病、稻瘟病、稻纵卷叶螟等，防治策略以防控纹枯病、稻飞虱为主，兼防稻纵卷叶螟、稻瘟病等。当纹枯病丛发病率达5%时及时飞防，可用噻呋酰胺、戊唑醇、己唑醇、丙环唑、嘧菌酯、醚菌酯、吡唑醚菌酯、肟菌酯等药剂及其复配制剂，兼治稻瘟病可加入三环唑、稻瘟灵、稻瘟酰胺。稻飞虱虫量达每百丛1 000～1 500头时及时飞防，可选用吡蚜酮、噻虫嗪、呋虫胺、烯啶虫胺、三氟苯嘧啶等药剂及其复配制剂；兼治稻纵卷叶螟，北方稻区每百丛稻纵卷叶螟幼虫量达50～100头，南方稻区每百丛幼虫量达100～200头时及时飞防，可选用氯虫苯甲酰胺、印虫威、甲氨基阿维菌素苯甲酸盐、短稳杆菌等药剂及其复配制剂。注意选定药剂后应仔细阅读相关农药的产品标签，按照说明进行飞防用药，如果采取桶混的方法进行病虫害综合飞防，桶混应按照飞防配药注意事项进行（参见第二章），并观察桶混是否有沉淀、分层等现象。

（二）水稻拔节孕穗期

此期主要病虫害有稻曲病、纹枯病、稻瘟病、稻飞虱、稻纵卷叶螟、螟虫等。防治稻曲病，应在破口前1周左右进行飞防，可选用丙环唑、戊唑醇、己唑醇、咪鲜胺、苯醚甲环唑、氟环唑、嘧菌酯、肟菌酯等药剂及其复配制剂；防治稻瘟病，可选用三环唑、稻瘟灵、异稻瘟净、稻瘟酰胺、吡唑醚菌酯（仅限微囊悬浮剂）、肟菌酯、戊唑醇、丙环唑、氟环唑等药剂，及其复配制剂；防治纹枯病，丛发病率达10%～15%时，及时飞防；防治稻飞虱，虫量每百丛800～1 000头时及时飞防；防治稻纵卷叶螟，每百丛30～50头时及时飞防，可选用氯虫苯甲酰胺、四氯虫酰胺、阿维菌素、茚虫威、甲氨基阿维菌素苯甲酸盐、苏云金杆菌等药剂及其复配制剂；防治螟虫，大螟枯鞘率10%、二化螟枯鞘率5%～8%、三化螟枯鞘率1%～1.5%时及时防治，可选用氯虫苯甲酰胺、甲氨基阿维菌素苯甲酸盐、杀虫双、阿维菌素、苦参碱等药剂及其复配制剂。飞防用药注意事项同水稻分蘖末期。

（三）水稻破口抽穗期

此期主要病虫害有稻瘟病、稻曲病、纹枯病、稻纵卷叶螟、螟虫、稻飞虱等，针对以上病虫害，可选用以下配方：

（1）20%稻瘟酰胺悬浮剂 1 500mL/hm^2 +19%丙环·嘧菌酯悬浮剂 600mL/hm^2 +35%氯虫苯甲酰胺水分散粒剂 90g/hm^2 +20%呋虫胺水分散粒剂 600g/hm^2；

（2）40%稻瘟·三环唑悬浮剂 1 000mL/hm^2 +25%噻呋·嘧菌酯悬浮剂 600mL/hm^2 +10%四氯虫酰胺悬浮剂 600mL/hm^2 +35%吡蚜·噻虫胺水分散粒剂 450g/hm^2。加水至 15L。

（四）水稻齐穗期

此期主治稻瘟病、稻纵卷叶螟，兼治纹枯病、稻曲病、螟虫、稻飞虱等。可选用以下配方：

（1）20%稻瘟酰胺悬浮剂 1 500mL/hm^2 +6%阿维·氯虫苯甲酰胺悬浮剂 750mL/hm^2 +75%肟菌·戊唑醇水分散粒剂 225g/hm^2 +10%三氟苯嘧啶悬浮剂 240mL/hm^2；

（2）30%咪鲜·嘧菌酯微乳剂 600mL/hm^2 +40%甲氧·茚虫威悬浮剂 225mL/hm^2 +24%噻呋酰胺悬浮剂 450mL/hm^2 +20%呋虫胺水分散粒剂 600g/hm^2。加水至 15L。

在整个水稻生育期，视田间病虫害发生情况，如轻度发生情况下，可减少飞防 1～2 次。若田间发生白叶枯病、细菌性条斑病等细菌性病害，或台风暴雨过后，则需要增加针对细菌性病害的防治 1～2 次，可选用 45%代森铵水剂 750g/hm^2 或 40%噻唑锌悬浮剂 750～1 125mL/hm^2，或 20%噻菌铜悬浮剂 1 500～1 950mL/hm^2。

二、稻田草害飞防综合技术

稻田杂草防控通常采用“一封、二杀、三补”的策略，“一封”

是指播种前或更多的是播后苗前全田施用土壤处理除草剂杀灭新出苗或正在出苗的杂草，起到土壤封闭的作用。“二杀”通常是在封闭处理后第一波杂草出齐时，禾本科杂草幼苗多处于3～5叶期，全田施用茎叶处理除草剂将杂草幼苗大量杀灭，帮助水稻幼苗建立对杂草的竞争优势。“三补”是指经过前面两次用药处理后，在田间仍然有一些杂草残存下来，此时水稻已经趋于封行或者已经封行，可以采用“挑治”的方法在田内杂草较多的地方施药防治，无草或草少处可以不施药。管理较好的田块常只需“一封、二杀”即可控制住草害，甚至一些耕作栽培措施到位的移栽稻田只要“一封”就可以控制住草害。但是在直播稻田和一些耕作栽培措施不到位的移栽稻田，仍然需要2～3次用药化学除草。

（一）移栽稻田飞防综合技术

传统的移栽方式为手工移栽，后又发展出抛秧和机插秧两种方式。手工移栽秧苗处于5叶期或更大，并且直立插入泥中，因此水稻秧苗对除草剂具有较高的耐受性，化学除草药害风险较低。抛秧秧苗虽然也处于5叶期或更大，但是其心叶贴于土表，在其扎根返青之前施用除草剂存在药害风险。机插秧秧苗常为3～4叶期的小苗，并且插秧前后及过程中容易造成秧苗物理损伤，因此秧苗对除草剂的耐受性也相对较低，药害风险相对较高。目前生产上移栽稻以机插秧为主，手工移栽和抛秧栽培面积小。

1. 移栽稻田“一封”飞防

移栽稻田土壤封闭处理可以在水稻移栽前也可以在水稻移栽后进行。

（1）水稻移栽前封闭处理　可以在稻田整平后上水，采用丁·丙炔或丙草·丙噁·松于水稻移栽前3～7d，或用噁草酮或丁·噁在水稻移栽前2d，按照农药产品标签标注的登记作物、防治对象和登记剂量等进行飞防施药，移栽后注意水层勿淹没水稻心叶，以免药害。这种封闭用药处理方式下，移栽水稻秧苗时田水中含有药液并且需要保水灭草，抛秧田不推荐采用。

（2）水稻移栽后土壤封闭处理　水稻移栽后活棵返青时，如果田间禾本科杂草在1.5叶期之前，可以采用丙草胺、氟酮磺草胺、五氟·丁草胺、吡嘧·丙草胺、苄嘧·丙草胺、嘧苯胺磺隆等，按照农药产品标签标注的登记作物、防治对象和登记剂量等进行飞防施药。如果在水稻移栽后活棵返青时田间禾本科杂草已经大于2叶期，则可以用二氯·唑·吡嘧、氰氟·吡嘧、苄·二氯、嘧肟·丙草胺或唑草·双草醚等，按照农药产品标签说明，进行飞防施药。

2. 移栽稻田“二杀”飞防

在移栽稻田内禾本科杂草处于3～5叶期时，如果田内禾草、阔叶杂草和莎草均较多，可以选用吡嘧·五氟磺、五氟·氰·嘧肟、五氟·氰氟草、五氟·吡啶酯、二氯·灭松（对千金子无效）等，按照农药产品标签标注的登记作物、防治对象和登记剂量等进行飞防施药。如果田内以禾草为主，阔叶草和莎草发生轻，可以用氯氟吡啶酯、噁唑酰草胺、氰氟草酯、精噁唑禾草灵等，按照农药产品标签标注的登记作物、防治对象和登记剂量等进行飞防施药。阔叶草和莎草较多时，可以用灭草松、2甲·灭草松、2甲·氯氟吡、氯吡·唑草酮等，按照农药产品标签标注的登记作物、防治对象和登记剂量等进行飞防施药。

3. 移栽稻田“三补”

水稻拔节期前，可以在田内杂草发生较多的地方采取局部喷药。禾本科杂草较多处可以用五氟·氰·嘧肟、五氟·氰氟草、五氟·吡啶酯、噁唑酰草胺或精噁唑禾草灵等，阔叶草和莎草较多处可以用2甲·灭草松、2甲·氯氟吡、氯吡·唑草酮或灭草松等，按照农药产品标签标注的登记作物、防治对象和登记剂量等进行飞防施药。

（二）直播稻田飞防综合技术

直播主要分为水直播和旱直播两类，水直播是在稻田整平后保持浅水层或湿润状态下直接播种催芽过的水稻种子。而旱直播则是在稻田旋耕整平后不上水，直接开沟、播种未经催芽的水稻种子。

由于水直播播种催芽后的种子，且田内潮湿，施用土壤处理除草剂后，带芽的水稻种子在出苗的过程中会吸收到药剂而可能导致药害风险，特别是我国东北地区，由于水稻播种时气温较低，出苗期长，水直播播种后进行土壤封闭施药风险高。而旱直播播种干种子后常会覆土3～5cm，并且经过镇压操作，施用土壤处理除草剂时田内畦面无积水，因此水稻种子出苗破土后才接触到药剂，安全性相对较高。因此，水直播与旱直播稻田土壤封闭施药策略存在较大的差异。

1. 直播稻田“一封”飞防

旱直播稻田土壤封闭处理通常为播后苗前施药，我国北方地区水直播稻田通常采用播种前施药，南方地区水直播稻田可以在播种前施药，也可以在播后苗期施药。

（1）水直播稻田土壤封闭　南方地区可在稻田整平后，水稻播种前5～7d采用嘧草醚或噁草酮，按照农药产品标签说明进行飞防施药；也可以在水稻播种后3～5d，采用丙草胺、苄嘧·丙草胺、丁草胺或苄·丁、嘧草醚，按照农药产品标签标注的登记作物、防治对象和登记剂量等进行飞防施药。注意：含有丙草胺和丁草胺的除草剂产品必须同时含有专用安全剂才能使用。东北和西北地区水直播稻田播种后气温较低，水稻秧苗出苗时间较长，播后苗前施药容易导致严重药害，因而不建议水直播田播后苗期进行土壤封闭施药，可在稻田整平后，水稻播种前5～7d采用嘧草醚或噁草酮（使用剂量建议参照直播田推荐剂量的70%使用），按照农药产品标签标注的登记作物、防治对象和登记剂量等进行飞防施药。

（2）旱直播稻田土壤封闭　水稻播种后3～5d，畦面湿润但无积水状态下，采用苄嘧·丙草胺、丁·噁、吡·松·丁草胺、甲戊·丁草胺、吡·松·二甲戊、甲戊·噁草酮、异噁·甲戊灵或仲丁灵等，按照农药产品标签标注的登记作物、防治对象和登记剂量等进行飞防施药。

2. 直播稻田“二杀”飞防

直播水稻3叶期后，稻田内禾本科杂草处于3～5叶期时，如果田内禾草、阔叶杂草和莎草均较多，可以选用二氯·肟·吡嘧、二氯·吡·氰氟、二氯·双·五氟、五氟·二氯喹、五氟·吡·二氯、五氟·氰氟草、五氟·唑·氰氟、五氟·氰·氯吡、氰氟·肟·灭松、噁唑·灭草松、噁唑草·氯吡酯·氰氟、氰氟·松·氯吡、五氟·氯氟吡、五氟·双·氰氟、五氟·吡啶酯等，按照农药产品标签标注的登记作物、防治对象和登记剂量等；进行飞防施药。如果田内以禾草为主，阔叶草和莎草发生轻，可以用氯氟吡啶酯、噁唑草·二氯喹、二氯喹·噁唑胺·氰氟酯、噁唑·氰氟、氰氟·精噁唑、噁唑酰草胺等，按照农药产品标签说明进行飞防施药。

3. 直播稻田“三补”

直播水稻分蘖后拔节期前，可以在田内杂草发生较多的地方采取局部喷药。禾本科杂草较多处可以用噁唑酰草胺、氰氟草酯、精噁唑禾草灵、氯氟吡啶酯等，阔叶草和莎草较多处可以用2甲·灭草松、2甲·氯氟吡、氯吡·唑草酮或灭草松等，按照农药产品标签标注的登记作物、防治对象和登记剂量等，进行飞防施药。

三、麦田病害和虫害飞防综合技术

我国小麦田病虫害防治的指导思想是从麦田生态系统的整体出发，以小麦高产、优质、高效、生态和安全生产为目标，以重大病虫害为主攻对象，贯彻“预防为主、综合防治”的方针，以农业措施为基础，协调运用生物、物理、化学等其他各种措施，将麦田病虫害种群密度控制在经济允许的水平以下。小麦田病虫害飞防适期主要在返青拔节阶段和孕穗灌浆阶段，具体简述如下：

（一）返青拔节阶段

做好麦田病虫害越冬基数普查和发生趋势的预测报，为及时、高效开展飞防提供科学依据。在春季小麦返青阶段，当条锈病病叶率为0.5%～1%时（条锈病普遍率5%～10%），或纹枯病病株率达到10%时，或白粉病病株率约20%时，即可进行飞防，及时控制病害，综合防治锈病、白粉病、纹枯病。可用于飞防的药剂较多，如戊唑醇、氟环唑、苯醚甲环唑、丙环唑、三唑酮、咪鲜胺、福美双、环氟菌胺、丙硫菌唑、肟菌酯、吡唑醚菌酯、烯肟菌胺、噻呋酰胺、井冈霉素等药剂及其混配制剂。麦蜘蛛平均每33cm行长有200头或每株麦苗上有6头时，或麦蚜株率10%时即可进行飞防，可用联苯菊酯、氰戊菊酯、阿维菌素等农药及其混配制剂兼治麦蚜和麦蜘蛛，或者根据田间虫情，选择针对主要虫害的高效药剂进行飞防（麦田主要虫害飞防药剂选择参见第三章第五部分）。注意选定药剂后应仔细阅读相关农药的产品标签，按照说明进行飞防用药，如果采取桶混的方法进行病虫害综合飞防，桶混应按照飞防配药注意事项进行（参见第二章第三部分），并观察桶混是否有沉淀、分层等现象。

（二）抽穗至灌浆期

该阶段的重点是主要病虫害的“一喷三防”和自然天敌的保护利用工作。穗期蚜虫、吸浆虫、赤霉病、白粉病、纹枯病等是重点防治目标。小麦孕穗至抽穗期，当白粉病病叶率10%或病情指数1时，或条锈病病叶率5%～10%时，应施药防治；小麦齐穗至进入扬花期时，赤霉病常发区域应全面进行赤霉病飞防，特别是遇阴雨、露水较重或大雾天气持续3d以上或10d中有5d为阴雨天气时。当田间百株蚜虫量达到500头以上，天敌与麦蚜数量比在1∶150以上时，应施药防治；当小麦抽穗期吸浆虫每10网复次有10～25头成虫，或者双手扒开麦垄，一眼能看到2～3头成虫时，应施药防治吸浆虫；小麦返青至抽穗期当麦蜘蛛平均每33cm行长有螨量200头或每株有螨量6头时，应施药防治麦蜘蛛；当麦田黏虫三龄幼虫种群密度达到平均25～30头/m^2时，应施药防治小麦黏虫。

就飞防技术而言，可以根据田间病虫害发生情况，选择适宜的农药进行防治（针对主要病虫害种类选择适合的飞防药剂，参见第三章第四、五部分）。针对田间病虫害混合发生情况，可以分别针对主要病虫害进行农药桶混喷施，也可以选择防治对象较多的农药进行飞防，如马拉·辛硫磷、氰戊·氧乐果等对麦蚜、麦蜘蛛、吸浆虫和黏虫均有防效；联苯菊酯、联苯·三唑磷、唑酮·氧乐果、联苯·噻虫胺、氰戊·氧乐果等对麦蚜、麦蜘蛛、吸浆虫均具有较好防效；戊唑醇、氟环唑、苯甲·丙环唑、丙环·咪鲜胺、丙环·福美双、环氟菌胺·戊唑醇、丙硫菌唑·戊唑醇、肟菌·戊唑醇、戊唑·百菌清、烯肟·戊唑醇、噻呋·吡唑酯、井冈·三唑酮等对小麦赤霉病、白粉病、条锈病、纹枯病均有防效。注意：选定药剂后应仔细阅读相关农药的产品标签，按照说明进行飞防用药，如果采取桶混的方法进行病虫害综合飞防，应按照飞防配药注意事项进行桶混（参见第二章第三部分），并观察桶混是否有沉淀、分层等现象。

四、麦田草害飞防综合技术

小麦生长季一般从 11 月到次年 6 月初，我国小麦田化学除草策略较为多样，通常包括播后苗前土壤封闭、土壤封闭兼顾早期茎叶处理、早春麦苗返青后拔节期之前茎叶处理，少数田块在小麦拔节后杂草发生量大时，还需要进行一次茎叶处理进行补救，但是小麦拔节后茎叶处理药害风险较大，且飞防用药的防效难以保证。因此，麦田草害综合飞防技术建议采取 1 次土壤封闭或者土壤封闭兼早期茎叶处理，外加 1 次早春的茎叶处理施药。注意麦田飞防化除需确保田间墒情较好，并且飞防施药需保证每 667m^2 用水 1L 以上。此外，麦田飞防除草防效常不如常规喷雾，因此在杂草发生量大的田块，应加大用水量或者采用常规喷雾。

（一）小麦播后苗前土壤封闭

在小麦播种后出苗前，禾本科杂草不超过 1.5 叶期前，施用土壤处理除草剂可以控制杂草的出苗基数，减轻中后期化学除草的压力，并且该时期飞防用药产生药害的风险较小。注意除草效果与土表平实度、湿度密切相关，并且通常需要在中后期进行茎叶处理化学除草。具体而言，可以选用异丙隆、氟噻草胺或氟噻草胺·吡氟酰草胺·呋草酮，按照农药产品标签标注的登记作物、防治对象和登记剂量等进行飞防施药。

（二）小麦出苗后早期土壤封闭兼茎叶处理

小麦出苗后，禾本科杂草3叶期左右（秋冬季），可采用杀草谱宽、兼具土壤封闭和茎叶处理活性的除草剂复配剂进行化学除草，用药得当可以达到1次用药控制整个小麦生育期草害。该时期进行飞防施药应注意避开寒流导致的冻药害。可在低温平稳期，选择晴天、微风、日最低温度4℃以上的天气，选择氟噻·吡酰·呋、吡氟酰·异丙隆·唑啉草、氟唑磺隆·异丙隆或者吡酰·异丙隆等，按照农药产品标签标注的登记作物、防治对象和登记剂量等进行飞防施药。也可以视田间草相，搭配相应的茎叶处理药剂进行桶混施药，具体的除草剂品种选择可以参照第三章中针对小麦田主要杂草的飞防技术相应内容，针对主要杂草选择不同的药剂。

（三）春后早期茎叶处理

小麦返青后拔节前，冬前和越冬期出苗的部分杂草已经对麦苗分蘖和生长形成危害，并且随着温度升高，杂草生长迅速。因此田间发生明显草害的情况下必须施用茎叶处理药剂。然而，这一时期的用药窗口期较短，通常仅有7～15d，还要避开寒流和连续降雨天气施药，并且这一时期开始麦苗进入旺盛生长期，一旦发生药害，难以恢复。因此，可以在晴天、微风、日最低温度4℃以上的天气，根据田间草相，选择合适的除草剂，按照农药产品标签标注的登记作物、防治对象和登记剂量等，进行飞防施药。例如，田间以禾本科杂草为主、阔叶杂草发生量小时，可以选用甲基二磺隆、炔草酯、唑啉草酯、唑啉·炔草酯、啶磺草胺、精噁唑禾草灵、精噁·炔草酯、三甲苯草酮等；田间禾本科和阔叶杂草均较多时，可以选用滴辛酯·炔草酯·双氟、二磺·甲碘隆、二磺·双氟·炔、啶磺·氟氯酯、双氟·二磺、二磺·氟唑·唑啉草酯、氯吡·炔草酯、二磺·炔草酯·唑草酮等；田间禾本科杂草危害轻而阔叶杂草危害重时，可选择双氟·氟氯酯、双氟·唑草酮、2甲·唑·双氟、唑草·苯磺隆、氯吡·唑草酮、氯吡·苯磺隆、苯·唑·氯氟吡等。具体的除草剂品种选择可以参照第三章中针对小麦田主要杂草的飞防技术相应内容，针对主要杂草选择不同的药剂。

第五章
稻麦病虫草害飞防技术展望

根据周志艳等2013年的测算，预计2021—2025年我国农业病虫草害飞防面积可达22亿亩次，新增各种飞防飞机资金投入265亿元。随着我国无人机技术的快速发展和劳动力成本的不断攀升，稻麦病虫草害飞防技术及其应用推广将在一段时间内一直处于快速发展阶段。纵观我国整个农业病虫草害飞防技术发展及与发达国家比较，我国稻麦病虫草害飞防技术应用和推广中仍然存在一些瓶颈问题亟须解决。

一、飞防装备有待升级

首先，我国目前飞防无人机机械动力不足，导致有效载荷和续航时间不足，难以连续长时间、大面积作业。目前，我国稻麦田飞防常用的电动无人机有效载荷常在20kg之内，飞防作业续航时间常在10min左右，电池充电需20min左右，频繁更换电池浪费作业时间并且电池损耗成本较高；燃油动力无人机的有效载荷可以达到30kg，续航时间可以达到90min，但是燃油燃烧不完全容易导致田间污染。此外，与传统喷雾施药方式相比，无人机飞防效率和成本的优势在一定程度上依赖于低容量喷雾甚至超低容量喷雾。然而，喷液量不足会制约一些场景下的稻麦病虫草害防治效果。例如，旱田施用土壤处理除草剂时，低容量喷雾会导致土壤表面难以有效形成均匀的药膜，而导致封闭除草药效不佳。未来随着无人机机械动力技术革新，无人机载荷和续航能力能有效满足各种中量喷雾需求，稻麦无人机飞防技术和应用有望在绝大多数场景下替代传统的植保施药方式。目前，燃油和电池结合的油电混动无人机的续

航时间可以达到60min以上，但相关的技术仍待熟化应用。此外，在无人机生产工艺和材料上，通过解决轻量化与耐用性之间的矛盾，从而保证甚至提升无人机耐用性并降低空机重量，也是提升无人机有效载荷和续航能力的重要方面。

其次，喷药装置亟待优化。开发一系列针对不同雾滴粒径需求、雾滴谱窄、低飘移飞防专用的可控雾化喷头是飞防技术发展的重要方向。稻麦田不同场景下防治不同病虫草害最佳的农药雾滴粒径不尽相同，但雾滴均匀、低飘移利于提高农药利用率，进而提升飞防效果。开发质量轻、强度高、耐腐蚀、方便吊挂、防药液浪涌、空气阻力小的药箱，以及体积小、质量轻、自吸力强、运转平稳可靠的隔膜泵等也是提升飞防无人机作业效率和效果的关键。此外，对于一些需要通过撒施的农药，研发无人机撒施系统也具有应用价值。

二、飞防作业技术有待细化

稻麦田飞防每667m^{2}喷液量通常在1L之内，喷雾高度在作物冠层上方2～20m，而常规施药防治病虫害化学防治每667m^{2}喷液量常在30L左右，且喷雾高度在作物冠层上方0.3m以内。因此与传统喷雾施药相比，飞防喷雾的效果受到更多的因素影响。

（1）优化飞防作业操控参数。针对稻麦主要病虫草害的特定生育期，研究飞防作业时机、喷液量、飞行高度、飞行速度等条件对飞防防效及作物安全性影响，可以为稻麦病虫草害飞防作业操控参数的精准设定提供支撑。

（2）优化飞防喷头性能参数。针对稻麦主要病虫草害的特定生育期，研究飞防雾滴粒径、雾滴覆盖率、雾滴沉积分布模式、助剂种类和添加量等对飞防防效及作物安全性影响，进而为针对特定靶标病虫草害，选择飞防施药喷头提供指导。

（3）针对农药种类、剂型、浓度等对飞防防效及作物安全性影响的研究，可以为细化主要稻麦病虫草害精准飞防策略提供支撑。

三、飞防作业现场检测技术推广应用

当前，稻麦病虫草害飞防作业时，漏喷现象仍然存在，进而影响飞防效果甚至导致防控失败。这主要是由于飞防作业质量受到环境条件、飞防装备、操控水平、农药产品、田间靶标病虫草害发生情况等多个方面的影响。因此，在飞防作业的过程中实时监测（或抽测）飞防喷液雾滴参数、农药雾滴在作物冠层的覆盖度等，对于评估飞防效果具有重要意义。并且通过相关的技术推广，可以提高飞防服务水平的准入门槛，避免不良行为和无序竞争。

四、飞防相关的标准、法规体系有待完善

飞防标准、法规体系研究完善有利于促进稻麦飞防产业健康、有序发展。根据我国现有植保无人机目前行业发展的技术水平以及发展趋势，应尽快制定包括针对植保无人飞机本体的安全技术要求、针对施药环节的操作规范、针对植保无人飞机使用的监管方法，构建完善的标准与安全监管体系。

主要参考文献

蔡良玫，李昆，王林萍，2019. 美、日、中航空植保产业发展的比较与启示 [J]. 中国植保导刊，39（07）：60-63.

陈蓓蓓，曾小舟，阎雷，2012. 国际通用航空发展比较及我国通用航空发展策略 [J]. 南京航空航天大学学报：社会科学版，14（2）：37-41.

陈冲，赵阳，2017. 无人机续航能力评估系统：CN 201710191688.X [P]. 07-14.

陈国奇，唐伟，李俊，等，2019. 我国水稻田稗属杂草种类分布特点：以9个省级行政区73个样点调查数据为例 [J]. 中国水稻科学，33（4）：368-376.

陈国奇，袁树忠，郭保卫，等，2020. 稻田除草剂实用技术 [M]. 北京：中国农业出版社.

陈金安，2014. 小麦黏虫的发生特点与综合治理技术 [J]. 贵州农业科学，42（1）：92-97.

陈万权，2013. 小麦重大病虫害综合防治技术体系 [J]. 植物保护，39（6）：16-24.

陈晓明，王程龙，薄瑞，2016. 中国农药使用现状及对策建议 [J]. 农药科学与管理（2）：4-8.

戴小枫，叶志华，曹雅忠，等，1999. 浅析我国农作物病虫草鼠害成灾特点与减灾对策 [J]. 应用生态学报，10（1）：119-122.

董立尧，王红春，陈国奇，等，2016. 直播稻田杂草防控技术 [M]. 北京：中国农业出版社.

段云，蒋月丽，苗进，等，2013. 麦红吸浆虫在我国的发生、危害及防治 [J]. 昆虫学报，56（11）：1359-1366.

何勇，岑海燕，何立文，等，2018. 农用无人机技术及其应用 [M]. 北京：科学出版社.

洪晓月，丁锦华，2007. 农业昆虫学 [M]. 北京：中国农业出版社.

黄冲，姜玉英，吴佳文，等，2019. 2018年我国小麦赤霉病重发特点及原因分

析 [J] . 植物保护，45 (2)：160 - 163.
金昱洋，王智超，曲以春，2016. 浅析多旋翼无人机系统技术改进 [J]. 科技创新导报 (7)：13 - 16.
兰玉彬，王国宾，2018. 中国植保无人机的行业发展概况和发展前景 [J]. 农业工程技术，38 (9)：17 - 27.
李成智，徐治立，2012. 中国农业航空技术发展分析与政策建议 [J]. 自然辩证法研究，28 (11)：36 - 41.
李彤霄，2016. 我国小麦白粉病预报方法研究进展 [J] . 气象与环境科学，36 (3)：44 - 48.
李文强，卢增斌，李丽莉，2017. 济宁地区麦田黏虫种群监测及防治指标研究 [J]. 山东农业科学，49 (11)：110 - 113.
李扬汉，1998. 中国杂草志 [M]. 北京：中国农业出版社 .
林蔚红，孙雪钢，刘飞，等，2014. 我国农用航空植保发展现状和趋势 [J]. 农业装备技术 (1)：6 - 11.
刘莉，杜孟尧，张晓辉，等，2016. 太阳能/氢能无人机总体设计与能源管理策略研究 [J]. 航空学报 (1)：144 - 162.
刘万才，邵振润，姜瑞中，2000. 小麦白粉病测报与防治技术研究 [M]. 北京：中国农业出版社 .
鲁传涛，吴仁海，王恒亮，等，2014. 农田杂草识别与防治原色图鉴 [M]. 北京：中国农业科学技术出版社 . 2014.
门兴元，董兆克，李丽莉，等，2020. 基于生态调控的小麦害虫综合治理研究进展 . 57 (1)：59 - 69.
倪汉祥，李光博，1993. 我国小麦病虫害综合防治技术研究进展 [J]. 中国农学通报，9 (2)：16 - 19.
农业航空产业技术创新战略联盟，2017. 2016 中国农业航空行业发展报告 [M]. 广州：中山大学出版社 .
谈孝凤，金星，刘红梅，等，2009. 小麦条锈病产量损失及防治指标研究 [J]. 贵州农业科学，37 (2)：61 - 62.
汪耀文，刘延虹，1988. 小麦吸浆虫为害损失及防治指标的探讨 [J]. 病虫测报，(4)：46 - 47.
王斌，袁洪印，2016. 无人机喷药技术发展现状与趋势 [J]. 农业与技术，36 (07)：59 - 62.
王明奎，杨建斌，李存虎，等，1988. 小麦吸浆虫为害损失及防治指标的初步

探讨 [J]. 植物保护，14 (3)：18.
王艳青，2006. 近年来中国水稻病虫害发生及趋势分析 [J]. 中国农学通报，22 (2)：343 - 347.
王玉正，原永兰，赵百灵，等，1997. 山东省小麦纹枯病为害损失及防治指标的研究 [J]. 植物保护学报，24 (1)：44 - 48.
魏刚，陈应明，张维，2011. 中国飞机全书 [M]. 北京：航空工业出版社.
吴金华，张迟，沈志洵，等，2016. 全球植保行业发展现状及发展趋势 [J]. 安徽化工，42 (4)：13 - 15，23.
徐兴，徐胜，刘永鑫，等，2014. 小型无人机机载农药变量喷洒系统设计 [J]. 广东农业科学，(9)：207 - 210
薛新宇，兰玉彬，2013. 美国农业航空技术现状和发展趋势分析 [J]. 农业机械学报，44 (5)：194 - 201.
薛新宇，秦维彩，孙竹，等，2013. N - 3 型无人直升机施药方式对稻飞虱和稻纵卷叶螟防治效果的影响 [J]. 植物保护学报，40 (3)：273 - 278.
闫晓静，杨代斌，薛新宇，等，2019. 中国农药应用工艺学 20 年的理论研究与技术概述 [J]. 农药学学报，21 (5 - 6)：908 - 920.
叶恭银，2006. 植物保护学 [M]. 杭州：浙江大学出版社。尹选春，兰玉彬，文晟，等，2018. 日本农业航空技术发展及对我国的启示 [J]. 华南农业大学学报，39 (2)：1 - 8.
袁会珠，王国宾，2015. 雾滴大小和覆盖密度与农药防治效果的关系 [J]. 植物保护，41 (6)：9 - 16.
袁会珠，薛新宇，闫晓静，等，2018. 植保无人飞机低空低容量喷雾技术应用与展望 [J]. 植物保护，44 (5)：152 - 158.
张宏军，武鹏，吴进龙，等，2018. 农用飞防专用制剂的现状与发展 [J]. 农药科学与管理，39 (5)：13 - 17.
张宗俭，2009. 农药助剂的应用与研究进展 [J]. 农药科学与管理，30 (1)：42 - 47.
张宗俭，卢忠利，姚登峰，等，2018. 韩春华. 飞防及其专用药剂与助剂的发展现状与趋势 [J]. 农药科学与管理，37 (11)：19 - 23.
赵梦，欧阳芳，张永生，等，2014. 2000—2010 年我国水稻病虫害发生与为害特征分析 [J]. 生物灾害科学，2014，37 (4)：275 - 280.
中国民用航空局，2015. 从统计看民航 2015 [M]. 北京：中国民航出版社.
中国民用航空局，2016. 2015 年民航行业发展统计公报 [R]. 北京：中国民用航空局.

中国民用航空局，2019. 2018年民航行业发展统计公报［R］. 北京：中国民用航空局.

中国农业科学院植物保护研究所，中国植物保护学会，2015. 中国农作物病虫害：第3版［M］. 北京：中国农业出版社.

周志艳，明锐，臧禹，等，2017. 中国农业航空发展现状及对策建议［J］. 农业工程学报，33（20）：1-13.

周志艳，臧英，罗锡文，等，2013. 中国农业航空植保产业技术创新发展战略［J］. 农业工程学报，29（24）：1-10

He X K，Bonds J，Herbst A，et al，2017. Recent development of unmanned aerial vehicle for plant protection in East Asia［J］. International Journal of Agricultural and Biological Engineering，10：18-30.

Xiao Q，Xin F，Lou Z，et al，2019. Effect of Aviation Spray Adjuvants on Defoliant Droplet Deposition and Cotton Defoliation Efficacy Sprayed by Unmanned Aerial Vehicles［J］. Agronomy，9（5）：217.

附件

国内飞防管理相关的法律和法规

1. 关于发布信息通告《国外无人驾驶航空器系统管理政策法规》的通知

（中国民用航空局空管行业管理办公室，2020-04-21）

为促进国内无人驾驶航空器业界发展，提升国际协同，现发布信息通告《国外无人驾驶航空器系统管理政策法规》（IB-TM-2020-001），内容包括欧盟《委员会第 2019/945 号授权条例（EU）》和《委员会第 2019/947 号实施条例（EU）》。

由于无人驾驶航空器系统相关技术、运行与应用场景、管理方法等均处在起步发展的阶段，本信息通告仅供交流参考。

空管行业管理办公室

2020 年 4 月 21 日

附件：国外无人驾驶航空器系统管理政策法规（IB-TM-2020-001）

编者注：附件已省略。

链接 http://www.caac.gov.cn/XXGK/XXGK/GFXWJ/202004/t20200421_202165.html

2. 通用航空经营许可管理规定

（中国民用航空局，2016-04-07）

第一章　总　　则

第一条　为了规范对通用航空的行业管理，促进通用航空安全、有序、健康发展，根据《中华人民共和国民用航空法》《中华人民共和国行政许可法》和国家有关法律、行政法规，制定本规定。

第二条　本规定适用于中华人民共和国境内（港澳台地区除外）从事经营性通用航空活动的通用航空企业的经营许可及相应的监督管理。

第三条　从事通用航空经营活动，应当取得通用航空经营许可。取得通用航空经营许可的企业，应当遵守国家法律、行政法规和规章的规定，在批准的经营范围内依法开展经营活动。

第四条　中国民用航空局（以下简称民航局）对通用航空经营许可及相应监督管理工作实施统一管理。中国民用航空地区管理局（以下简称民航地区管理局）负责实施辖区内的通用航空经营许可管理工作。

第五条　实施通用航空经营许可管理遵循下列基本原则：

（一）促进通用航空事业发展，维护社会公共利益，保护消费者合法权益；

（二）符合通用航空发展政策；

（三）符合科学规划、市场引导、协调发展的要求；

（四）保障飞行及作业安全。

第六条　开展以下经营项目的企业应当取得通用航空经营许可：

（一）甲类：通用航空包机飞行、石油服务、直升机引航、医疗救护、商用驾驶员执照培训；

（二）乙类：空中游览、直升机机外载荷飞行、人工降水、航空探矿、航空摄影、海洋监测、渔业飞行、城市消防、空中巡查、电力作业、航空器代管，跳伞飞行服务；

（三）丙类：私用驾驶员执照培训、航空护林、航空喷洒（撒）、空中拍照、空中广告、科学实验、气象探测；

（四）丁类：使用具有标准适航证的载人自由气球、飞艇开展空中游览；使用具有特殊适航证的航空器开展航空表演飞行、个人娱乐飞行、运动驾驶员执照培训、航空喷洒（撒）、电力作业等经营项目。其他需经许可的经营项目，由民航局确定。抢险救灾不受上述项目的划分限制，按照民航局的有关规定执行。

第七条　民航局、民航地区管理局对从事经营性通用航空保障业务的企业实施监督管理。

第二章　经营许可条件和程序

第八条　取得通用航空经营许可，应当具备下列基本条件：

（一）从事通用航空经营活动的主体应当为企业法人，主营业务为通用航空经营项目；企业的法定代表人为中国籍公民；

（二）企业名称应当体现通用航空行业和经营特点；

（三）购买或租赁不少于两架民用航空器，航空器应当在中华人民共和国登记，符合适航标准；

（四）有与民用航空器相适应，经过专业训练，取得相应执照或训练合格证的航空人员；

（五）设立经营、运行及安全管理机构并配备与经营项目相适应的专业人员；

（六）企业高级管理人员应当完成通用航空法规标准培训，主管飞行、作业质量的负责人还应当在最近六年内具有累计三年以上相关专业领域工作经验；

（七）有满足民用航空器运行要求的基地机场（起降场地）及相应的基础设施；

（八）有符合相关法律、法规和标准要求，经检测合格的作业设施、设备；

（九）具备充分的赔偿责任承担能力，按规定投保地面第三人责任险等保险；

（十）民航局认为必要的其他条件。

第九条　具有下列情形之一的，民航地区管理局不予受理通用航空经营许可申请：

（一）不符合本规定第五条的；

（二）申请人因隐瞒有关情况或者提供虚假材料不予受理或者不予许可，一年内再次申请的；

（三）申请人因使用欺骗、贿赂等不正当手段被撤销通用航空经营许可证后，三年内再次申请的；

（四）申请人收到不予许可决定后，基于同样事实和材料再次提出经营许可申请的；

（五）法律、法规规定的不予受理的其他情形。

第十条　申请人应当向企业住所地民航地区管理局提出通用航空经营许可的申请，按规定的格式提交以下申请材料并确保其真实、完整、有效：

（一）通用航空经营许可申请书；

（二）企业章程；

（三）法定代表人以及经营负责人、主管飞行和作业技术质量负责人的任职文件、资历表、身份证明、无犯罪记录声明；公司董事、监事、经理的委派、选举或者聘用的证明文件；

（四）航空器购租合同，航空器的所有权、占有权证明文件；

（五）民用航空器国籍登记证、适航证以及按照民航规章要求装配的机载无线电台的执照；

（六）航空器喷涂方案批准文件以及喷涂后的航空器照片；

（七）航空人员执照以及与申请人签订的有效劳动合同；

（八）基地机场的使用许可证或者起降场地的技术说明文件；基地机场为非自有机场的，还应提供与机场管理方签署的服务保障协议；

（九）具备充分赔偿责任承担能力的证明材料，包括地面第三人责任险的投保文件等；

（十）企业经营管理手册；

（十一）企业及法定代表人（负责人）的通信地址、联系方式，企业办公场所所有权或使用权证明材料；

（十二）有外商投资的，申请人应当按国家及民航外商投资有关规定提交外商投资项目核准或备案文件、外商投资企业批准证书；

（十三）申请材料全部真实、有效的声明文件。

第十一条　有下列情形之一的人员，不得担任通用航空企业法定代表人（负责人）：

（一）未履行《安全生产法》规定的安全生产管理职责，导致发生生产安全事故，受刑事处罚或者撤职处分，执行期满未逾五年的；

（二）因贪污、贿赂、侵占财产、挪用财产或者破坏社会主义市场经济秩序，被判处刑罚，执行期满未逾五年的；

（三）担任因违法被吊销营业执照、责令关闭的公司、企业的法定代表人，并负有个人责任的，自该公司、企业被吊销营业执照之日起未逾三年的；

（四）法律、法规规定不得担任企业法定代表人（负责人）的其他情形。对重大、特别重大生产安全事故负有责任的，终身不得担任通用航空企业法定代表人（负责人）。

第十二条　民航地区管理局应当自受理之日起二十日内作出是否准予许可的决定。二十日内不能作出决定的，经民航地区管理局负责人批准，可以延长十日，并应当将延长期限的理由告知申请人。准予许可的，应当自作出决定之日起十日内向申请人颁发通用航空经营许可证（以下简称经营许可证）；不予许可的，应当自作出决定之日起十日内书面通知申请人，说明理由，并告知申请人享有依法申请行政复议或者提起行政诉讼的权利。民航地区管理局应当将颁发经营许可证的相关审核材料报送民航局备案，民航局定期公告通用航空经营许可情况。

第十三条　通用航空经营许可证应当载明：

（一）许可证编号；

（二）企业名称；

（三）企业住所；

（四）基地机场（起降场地）；

（五）企业类型；

（六）法定代表人；

（七）经营范围；

（八）有效期限；

（九）颁发日期；

（十）许可机关印章。

第十四条　取得经营许可证的申请人，应当按照民航规章的规定完成运行合格审定。

第三章　经营许可证的管理

第十五条　通用航空经营许可证所载的事项需变更的，通用航空经营许可证持有人（以下简称许可证持有人）应当自变更事项发生之日起十五日内向住所地民航地区管理局提出变更申请。

第十六条　通用航空经营许可证有效期限为三年。

许可证持有人应当于经营许可证有效期届满三十日前，以书面形式向民航地区管理局提出换证申请，并提交相关申请材料。

民航地区管理局接到申请材料后，应当自受理之日起二十日内作出是否准予换证的决定。准予换证的，应当自作出决定之日起十日内向申请人颁发新的经营许可证，许可证持有人领取新的经营许可证时，应当交回原经营许可证；不符合条件的，应当自作出决定之日起十日内书面通知申请人、说明理由，告知申请人享有依法申请行政复议或者提起行政诉讼的权利。

第十七条　民航地区管理局应当将经营许可证的变更、换发、注销等情形的相关审核材料及时报民航局备案，民航局定期公告。

第十八条　经营许可证不得涂改、出借、买卖或者转让。发生遗失、损毁、灭失等情况的，许可证持有人应当自发生之日起十五日内向住所地民航地区管理局申请补发，并在相关媒体发布公告。

第四章　监督检查

第十九条　许可证持有人开展经营活动时，应当履行下列义务：

（一）遵守国家法律法规和规章的要求，采取有效措施确保飞行安全；

（二）持续符合经营许可条件；

（三）在经营许可证载明的经营范围内进行经营活动；

（四）《企业经营管理手册》内容应当涵盖其全部经营项目，并根据法律、法规、规章和标准的要求及时予以修订，持续符合民航局、民航地区管理局行业管理要求；

（五）开展经营活动前，应当将经营活动信息向所在地民航地区管理局备案；跨地区开展经营活动前还应当将经营活动信息向活动所在地区的民航地区管理局备案，并接受监督管理；

（六）履行飞行活动的申报手续，在规定的空域内活动；

（七）按照国家标准和民航行业标准开展作业与服务；

（八）采取符合规定的环境保护措施；

（九）向民航局和民航地区管理局及时、真实、完整地报送安全生产经营情况、行业统计数据以及申领民航财政补贴所需信息；

（十）向民航局和民航地区管理局及时报备对企业运营产生重大影响的相关信息，如股权结构变更、机队构成调整等；

（十一）公布服务合同样本及价格，明确与通用航空用户、机上乘客的权利义务关系；

（十二）确保持续具备赔偿责任承担能力，确保开展经营活动期间所投保的地面第三人责任险等强制保险足额、有效，鼓励投保航空器机身险、机上人员险等补充险种；

（十三）按照国家及民航有关规定，对参与飞行活动的人员进行有效的监督管理，并登记、保留相关人员资料；

（十四）未经监护人同意，不得允许未成年人参加飞行活动；

（十五）民航局规定的其他要求。

第二十条　许可证持有人拟设立分公司开展通用航空经营活动的，应当及时向住所地以及分公司所在地民航地区管理局备案。

第二十一条　许可证持有人办理分公司备案应当提交如下材料：

（一）分公司情况说明，包括航空器、航空人员等情况，分公司运营管理、安全管理等组织机构设立情况等；

（二）分公司负责人的书面任职文件、资质和身份证明；

（三）基地机场的使用许可证或者起降场地的技术说明文件。基地机场为非自有机场的，还应当提供与机场管理方签署的服务保障协议；

（四）已纳入分公司相关内容的《企业经营管理手册》；

（五）分公司及负责人的通信地址和联系方式；

（六）民航局规定的其他资料。

第二十二条　许可证持有人应当按照有关规定完成国家下达的抢险救灾任务。

第二十三条　民航局建立健全通用航空经营许可及相应监督管理工作的监督检查制度，及时纠正通用航空经营许可和相应监督管理过程中的违法行为。

第二十四条　有下列情形之一的，民航局、民航地区管理局依法撤销已作出的行政许可决定：

（一）工作人员滥用职权、玩忽职守，违规审核通用航空经营许可申请的；

（二）超越法定职权颁发通用航空经营许可证的；

（三）违反法定程序颁发通用航空经营许可证的；

（四）向不具备申请资格或者不符合规定条件的申请人颁发通用航空经营许可证的；

（五）申请人以欺骗、贿赂等不正当手段取得通用航空经营许可证的；

（六）依法可以撤销通用航空经营许可的其他情形。

第二十五条　民航地区管理局建立健全本地区通用航空经营活动的监督检查制度，对本辖区内的通用航空经营活动实施监督检查，依法查处违法开展的通用航空经营活动。对跨地区违法开展经营活动的许可证持有人，违法事实发生地民航地区管理局进行查处后，应当将违法事实、处理结果抄告其住所地民航地区管理局。

第二十六条　民航地区管理局应当每年组织不少于一次的对本地区许可证持有人的生产经营情况和生产经营场所的年度检查，并向其出具年度检查意见。检查过程中，民航地区管理局有权依法查阅或者要求许可证持有人提供有关材料。民航地区管理局应当对其他地区许可证持有人在本地区设立的分公司进行年度检查，向其出具年度检查意见并抄送许可证持有人住所地民航地区管理局。许可证持有人住所地民航地区管理局汇总后形成对相关许可证持有人的年检结论。

第二十七条　许可证持有人应当配合民航局、民航地区管理局执法人员的监督检查，如实、完整地提供有关情况和材料，不得隐瞒或者提供虚假信息。

第二十八条　依据年度检查意见，许可证持有人需进行整改的，民航地区管理局应责令其限期改正或者依法采取有效措施督促其改正。需要整改的，许可证持有人应当在年度检查意见所规定的期限内完成整改工作，并在完成整改工作后十日内向民航地区管理局书面反馈整改情况。

第二十九条　许可证持有人的年度检查结论分为合格、不合格两类。民航地区管理局应当将年度检查结论书面告知被检查人，同时报民航局备案。民航局汇总后定期公告许可证持有人的年度检查情况。

第三十条　许可证持有人在年检周期内未发生违法违规行为，能够履行本规定设定义务的，其年检结论为合格。

第三十一条　有以下情形之一的，许可证持有人的年检结论为不合格：

（一）有违反本规定行为，情节严重，且对安全运行、市场秩序等产生重大影响的；

（二）拒不接受年检或故意隐瞒、提供虚假情况的；

（三）未能在期限内完成整改或整改期限需超过一年的。

第三十二条　对年度检查结论为不合格的经营许可证持有人，民航局暂停其享受当年民航财政补贴和其他扶持政策的资格。

第三十三条　许可证持有人有下列情形之一的，民航地区管理局应不予办理换证：

（一）许可证逾期后提交换证申请的；

（二）连续三年的年度检查结论均为不合格的；

（三）许可证有效期内不能持续符合经营许可条件的。

第三十四条　许可证持有人有下列情形之一的，民航地区管理局应当依法办理经营许可证的注销手续：

（一）经营许可证有效期届满未换证的；

（二）法定代表人死亡或者丧失行为能力，未申请变更的；

（三）因破产、解散等原因被终止法人资格的；

（四）经营许可证依法被撤销或吊销的；

（五）经营许可证所载明的经营项目均被撤回的；

（六）自行申请注销的；

（七）法律、法规规定的应当注销的其他情形。

第三十五条　任何组织或个人有权向民航局、民航地区管理局举报违法开展的通用航空经营活动；民航局、民航地区管理局应当依法予以核实、处理。

第五章　法律责任

第三十六条　违反本规定第三条第一款，未取得通用航空经营许可证擅自从事通用航空经营活动或经营许可证失效后仍从事通用航空经营活动的，民航局或民航地区管理局责令其停止违法活动，没收违法所得，并处二万元以下的罚款；规模较大，社会危害严重的，并处二万元以上二十万元以下的罚款；存在重大安全隐患、威胁公共安全，没收其用于从事无照经营活动的工具、设备等财物，并处五万元以上五十万元以下的罚款。

第三十七条　违反本规定第三条第二款、第十九条第（三）款，超出经营许可证载明的经营范围从事通用航空经营活动的，民航局或民航地区管理局责令该许可证持有人停止违法活动，没收其违法所得，并处二万元以下的罚款；规模较大，社会危害严重的，

并处二万元以上二十万元以下罚款；存在重大安全隐患、威胁公共安全的，吊销经营许可证，没收其用于从事无照经营活动的工具、设备等财物，并处五万元以上五十万元以下的罚款，通报工商行政管理部门。

第三十八条　申请人隐瞒有关情况或者提供虚假材料申请经营许可的，民航地区管理局不予受理或者不予许可，并给予警告。申请人以欺骗、贿赂等不正当手段取得经营许可的，由民航地区管理局撤销该经营许可，并处三万元以下的罚款。

第三十九条　违反本规定第十五条第一款，许可证持有人未按规定及时办理经营许可证变更手续的，由民航局或民航地区管理局给予警告，并处一万元以下的罚款。

第四十条　违反本规定第十八条，许可证持有人涂改、出借、买卖、转让经营许可证的，由民航局或民航地区管理局责令整改，并处一万元以下的罚款；有违法所得的，处违法所得一倍以上三倍以下但不超过三万元的罚款。

第四十一条　违反本规定第十九条第（八）或（十二）款，作业飞行未保护环境的，或者未按规定投保地面第三人责任险或取得相应责任担保的，由民航局或民航地区管理局责令整改，并处一万元以下的罚款；情节严重的，责处一万至三万元的罚款；情节特别严重的，吊销经营许可证，并处三万元的罚款，通报工商行政管理部门。

第四十二条　违反本规定第二十条，许可证持有人未按规定办理分公司备案的，由民航局或民航地区管理局责令整改，并处一万元以下的罚款；情节严重的，处一万元以上三万元以下的罚款。

第四十三条　违反本规定第二十七条，拒绝接受民航局、民航地区管理局监督检查，或故意隐瞒、提供虚假情况的，由民航局或民航地区管理局责令整改，并处三万元以下罚款。

第四十四条　许可证持有人不再具备安全生产条件的，民航局或民航地区管理局应及时撤销该许可证持有人的经营许可证，通报工商行政管理部门。构成犯罪的，依法追究刑事责任。

第六章　附　　则

第四十五条　外商投资从事经营性通用航空活动的，除适用本规定外，还应当符合相关规定。境外通用航空企业在中华人民共和国境内开展经营活动的管理办法，由民航局另行规定。使用民用无人驾驶航空器进行经营性通用航空活动的管理办法，由民航局另行规定。

第四十六条　本规定自 2016 年 6 月 1 日起施行。民航总局 2007 年 2 月 14 日发布的《通用航空经营许可管理规定》（中国民用航空总局令第 176 号）同时废止。

附录　本规定术语解释

通用航空包机飞行　通用航空企业使用三十座以下的民用航空器（初级类航空器除外），按照与用户所签订文本合同中确定的时间、始发地和目的地，为其提供的不定期载客及货邮运输服务。此类服务不对社会公众发售机票，不提前公布航班时刻，根据需要决定飞行频次。

石油服务　使用民用航空器在石油勘探开发的作业地至后勤保障基地间开展的人员物资运输以及空中吊装、空中消防灭火、搜寻救援等飞行服务活动。

直升机引航　使用民用直升机在轮船和港口之间运送引水员的飞行活动。

医疗救护　使用装有专用医疗救护设备的民用航空器，为紧急施救患者而进行的飞行活动。

商用、私用、运动驾驶员执照培训　使用民用航空器，以掌握飞行驾驶技术，获得商用驾驶员执照、私用驾驶员执照或运动驾驶员执照为目的而开展的飞行活动，包括正常教学飞行、教官带飞、学员在教官的指导下单飞，但不包括熟练飞行。

空中游览　使用民用航空器在以起降点为中心、半径 40 千米的空域内载运游客进行观赏、游览的飞行活动。

直升机机外载荷　飞行以民用直升机为起吊平台进行的吊装、吊运等飞行活动。

人工降水　在云中降水条件不足情况下，使用民用航空器向云层中喷撒催化剂以促进降水的飞行活动；或利用飞机向地表覆盖的冰雪喷撒吸热物质，提高冰雪温度，以促使冰雪融化的飞行活动。

航空探矿　航空地球物理勘探的简称，是指使用装有或搭载专用探测仪器的民用航空器，通过从空中测量地球各种物理场（磁场、电磁场、重力场、放射性场等）的变化，了解地下地质情况和矿藏分布状况的飞行活动。

航空摄影　使用民用航空器作为运载工具，通过搭载航空摄影仪、多光谱扫描仪、成像光谱仪和微波仪器（微波辐射计、散射计、合成孔径侧视雷达）等传感器对地观测，获取地球地表反射、辐射以及散射电磁波特性信息，用于测制各种比例尺的地形图、资源调查等的飞行活动。

海洋监测　使用装有或搭载专用仪器的民用航空器对领海和专属经济区内海洋资源使用、海洋污染情况进行的空中监测、调查、取证等飞行活动。

渔业飞行　使用装有或搭载专用仪器的民用航空器对渔业资源分布、使用情况进行的监测、调查、取证等飞行活动。

城市消防　使用民用直升机开展对城市高层建筑物的空中喷液灭火和人员救援等的飞行活动。

空中巡查　使用装有或搭载专用仪器的民用航空器，对预先设计的区域和目标进行的空中观察、监测等飞行活动。

电力作业　使用民用航空器为电力建设、输电线路维护提供的飞行服务活动，包括输电线路基础施工、组装输电铁塔、施放导引绳、输电线路清洗、输电线路带电维修等项目。

航空器代管　通用航空企业为航空器所有人开展飞行活动提供的航空器管理及航空专业服务。

跳伞飞行服务　使用民用航空器运载跳伞人员到达指定空域的飞行服务活动。

航空护林 使用民用航空器并配备专用仪器设备、专业人员，以保护森林资源为目的实施的森林消防飞行活动，包括巡护飞行、索降灭火、机降灭火、喷液灭火、吊桶灭火等。

航空喷洒（撒） 使用民用航空器并配备专业喷洒（撒）设备或装置，将液体或固体干物料，按特定技术要求从空中向地面目标喷雾或撒播的飞行活动。

空中拍照 以民用航空器为搭载平台，使用摄影、摄像、照相机等专业设备，为影视制作、新闻报道、比赛转播等拍摄空中影像资料的飞行活动。

空中广告 使用民用航空器在空中开展的广告宣传飞行活动，包括机（艇）身广告、飞机拖曳广告、空中喷烟广告等。

科学实验 使用民用航空器为搭载平台，为开展各类科学实验提供空中环境的飞行活动。

气象探测 以民用航空器为搭载平台，装备相关专业设备对大气物理、大气化学和气象现象进行探察、测量的飞行活动。

航空表演飞行 使用民用航空器，以展示飞机性能、飞行技艺，普及航空知识和满足观众观赏为目的开展的飞行活动。

个人娱乐飞行 飞行驾驶执照拥有者为保持和提高飞行技术、体验飞行乐趣，从通用航空企业租用航空器开展的飞行活动。

企业高级管理人员 通用航空企业的法定代表人、总经理、副总经理、上市公司董事会秘书、主管飞行、经营、作业质量的负责人和其他对通用航空企业具有重大影响的工作人员。

3. 轻小无人机运行规定（试行）

（中国民用航空局飞行标准司，2015－12－29）

1. 目的

近年来，民用无人机的生产和应用在国内外蓬勃发展，特别是低空、慢速、微轻小型无人机数量快速增加，占到民用无人机的绝

大多数。为了规范此类民用无人机的运行，依据 CCAR-91 部，发布本咨询通告。

2. 适用范围及分类

本咨询通告适用范围包括：

2.1 可在视距内或视距外操作的、空机重量小于等于 116 千克、起飞全重不大于 150 千克的无人机，校正空速不超过 100 千米每小时；

2.2 起飞全重不超过 5 700 千克，距受药面高度不超过 15 米的植保类无人机；

2.3 充气体积在 4 600 立方米以下的无人飞艇；

2.4 适用无人机运行管理分类：

分类	空机重量（千克）	起飞全重（千克）
Ⅰ	0＜W≤1.5	
Ⅱ	1.5＜W≤4	1.5＜W≤7
Ⅲ	4＜W≤15	7＜W≤25
Ⅳ	15＜W≤116	25＜W≤150
Ⅴ	植保类无人机	
Ⅵ	无人飞艇	
Ⅶ	可 100 米之外超视距运行的Ⅰ、Ⅱ类无人机	

注 1：实际运行中，Ⅰ、Ⅱ、Ⅲ、Ⅳ类分类有交叉时，按照较高要求的一类分类。

注 2：对于串、并列运行或者编队运行的无人机，按照总重量分类。

注 3：地方政府（例如当地公安部门）对于Ⅰ、Ⅱ类无人机重量界限低于本表规定的，以地方政府的具体要求为准。

2.5 Ⅰ类无人机使用者应安全使用无人机，避免对他人造成伤害，不必按照本咨询通告后续规定管理。

2.6 本咨询通告不适用于无线电操作的航空模型，但当航空模型使用了自动驾驶仪、指令与控制数据链路或自主飞行设备时，应按照本咨询通告管理。

2.7 本咨询通告不适用于室内、拦网内等隔离空间运行无人机，但当该场所有聚集人群时，操作者应采取措施确保人员安全。

3. 定义

3.1 无人机（UA：Unmanned Aircraft），是由控制站管理（包括远程操纵或自主飞行）的航空器，也称远程驾驶航空器（RPA：Remotely Piloted Aircraft）。

3.2 无人机系统（UAS：Unmanned Aircraft System），也称远程驾驶航空器系统（RPAS：Remotely Piloted Aircraft Systems），是指由无人机、相关控制站、所需的指令与控制数据链路以及批准的型号设计规定的任何其他部件组成的系统。

3.3 无人机系统驾驶员，由运营人指派对无人机的运行负有必不可少责任并在飞行期间适时操纵无人机的人。

3.4 无人机系统的机长，是指在系统运行时间内负责整个无人机系统运行和安全的驾驶员。

3.5 无人机观测员，由运营人指定的训练有素的人员，通过目视观测无人机，协助无人机驾驶员安全实施飞行。

3.6 运营人，是指从事或拟从事航空器运营的个人、组织或者企业。

3.7 控制站（也称遥控站、地面站），无人机系统的组成部分，包括用于操纵无人机的设备。

3.8 指令与控制数据链路（C2：Command and Control data link），是指无人机和控制站之间为飞行管理之目的的数据链接。

3.9 视距内运行（VLOS：Visual Line of Sight Operations），无人机驾驶员或无人机观测员与无人机保持直接目视视觉接触的操作方式，航空器处于驾驶员或观测员目视视距内半径 500 米，相对高度低于 120 米的区域内。

3.10 超视距运行（BVLOS：Beyond VLOS），无人机在目视视距以外的运行。

3.11 融合空域，是指有其他航空器同时运行的空域。

3.12 隔离空域，是指专门分配给无人机系统运行的空域，通过限制其他航空器的进入以规避碰撞风险。

3.13 人口稠密区，是指城镇、村庄、繁忙道路或大型露天集会场所等区域。

3.14 重点地区，是指军事重地、核电站和行政中心等关乎国家安全的区域及周边，或地方政府临时划设的区域。

3.15 机场净空区，也称机场净空保护区域，是指为保护航空器起飞、飞行和降落安全，根据民用机场净空障碍物限制图要求划定的空间范围。

3.16 空机重量，是指不包含载荷和燃料的无人机重量，该重量包含燃料容器和电池等固体装置。

3.17 无人机云系统（简称无人机云），是指轻小型民用无人机运行动态数据库系统，用于向无人机用户提供航行服务、气象服务等，对民用无人机运行数据（包括运营信息、位置、高度和速度等）进行实时监测。接入系统的无人机应即时上传飞行数据，无人机云系统对侵入电子围栏的无人机具有报警功能。

3.18 电子围栏，是指为阻挡即将侵入特定区域的航空器，在相应电子地理范围中画出特定区域，并配合飞行控制系统、保障区域安全的软硬件系统。

3.19 主动反馈系统，是指运营人主动将航空器的运行信息发送给监视系统。

3.20 被动反馈系统，是指航空器被雷达、ADS-B系统、北斗等手段从地面进行监视的系统，该反馈信息不经过运营人。

4. 民用无人机机长的职责和权限

4.1 民用无人机机长对民用无人机的运行直接负责，并具有最终决定权。

4.1.1 在飞行中遇有紧急情况时：

a. 机长必须采取适合当时情况的应急措施。

b. 在飞行中遇到需要立即处置的紧急情况时，机长可以在保证地面人员安全所需要的范围内偏离本咨询通告的任何规定。

4.1.2 如果在危及地面人员安全的紧急情况下必须采取违反当地

规章或程序的措施，机长必须毫不迟疑地通知有关地方当局。

4.2 机长必须负责以可用的、最迅速的方法将导致人员严重受伤或死亡、地面财产重大损失的任何航空器事故通知最近的民航及相关部门。

5. 民用无人机驾驶员资格要求

民用无人机驾驶员应当根据其所驾驶的民用无人机的等级分类，符合咨询通告《民用无人驾驶航空器系统驾驶员管理暂行规定》（AC－61－FS－2013－20）中关于执照、合格证、等级、训练、考试、检查和航空经历等方面的要求，并依据本咨询通告运行。

6. 民用无人机使用说明书

6.1 民用无人机使用说明书应当使用机长、驾驶员及观测员能够正确理解的语言文字。

6.2 Ⅴ类民用无人机的使用说明书应包含相应的农林植保要求和规范。

7. 禁止粗心或鲁莽的操作

任何人员在操作民用无人机时不得粗心大意和盲目蛮干，以免危及他人的生命或财产安全。

8. 摄入酒精和药物的限制

民用无人机驾驶员在饮用任何含酒精的液体之后的8小时之内或处于酒精作用之下或者受到任何药物影响及其工作能力对飞行安全造成影响的情况下，不得驾驶无人机。

9. 飞行前准备

在开始飞行之前，机长应当：

9.1 了解任务执行区域限制的气象条件；

9.2 确定运行场地满足无人机使用说明书所规定的条件；
9.3 检查无人机各组件情况、燃油或电池储备、通信链路信号等满足运行要求。对于无人机云系统的用户，应确认系统是否接入无人机云；
9.4 制定出现紧急情况的处置预案，预案中应包括紧急备降地点等内容。

10. 限制区域

机长应确保无人机运行时符合有关部门的要求，避免进入限制区域：
10.1 对于无人机云系统的用户，应该遵守该系统限制；
10.2 对于未接入无人机云系统的用户，应向相关部门了解限制区域的划设情况。不得突破机场障碍物控制面、飞行禁区、未经批准的限制区以及危险区等。

11. 视距内运行（VLOS）

11.1 必须在驾驶员或者观测员视距范围内运行；
11.2 必须在昼间运行；
11.3 必须将航路优先权让与其他航空器。

12. 视距外运行（BVLOS）

12.1 必须将航路优先权让与有人驾驶航空器；
12.2 当飞行操作危害到空域的其他使用者、地面上人身财产安全或不能按照本咨询通告要求继续飞行，应当立即停止飞行活动；
12.3 驾驶员应当能够随时控制无人机。对于使用自主模式的无人机，无人机驾驶员必须能够随时操控。
12.3.1 出现无人机失控的情况，机长应该执行相应的预案，包括：

a. 无人机应急回收程序；

b. 对于接入无人机云的用户，应在系统内上报相关情况；

c. 对于未接入无人机云的用户，联系相关空管服务部门的程序，上报遵照以上程序的相关责任人名单。

13. 民用无人机运行的仪表、设备和标识要求

13.1 具有有效的空地 C2 链路；

13.2 地面站或操控设备具有显示无人机实时的位置、高度、速度等信息的仪器仪表；

13.3 用于记录、回放和分析飞行过程的飞行数据记录系统，且数据信息至少保存三个月（适用于Ⅲ、Ⅳ、Ⅵ和Ⅶ类）；

13.4 对于接入无人机云系统的用户，应当符合无人机云的接口规范；

13.5 对于未接入无人机云系统的用户，其无人机机身需有明确的标识，注明该无人机的型号、编号、所有者、联系方式等信息，以便出现坠机情况时能迅速查找到无人机所有者或操作者信息。

14. 管理方式

民用无人机分类繁杂，运行种类繁多，所使用空域远比有人驾驶航空器广阔，因此有必要实施分类管理，依据现有无人机技术成熟情况，针对轻小型民用无人机进行以下运行管理。

14.1 民用无人机的运行管理

14.1.1 电子围栏

a. 对于Ⅲ、Ⅳ、Ⅵ和Ⅶ类无人机，应安装并使用电子围栏。

b. 对于在重点地区和机场净空区以下运行Ⅱ类和Ⅴ类无人机，应安装并使用电子围栏。

14.1.2 接入无人机云的民用无人机

a. 对于重点地区和机场净空区以下使用的Ⅱ类和Ⅴ类的民用无人机，应接入无人机云，或者仅将其地面操控设备位置信息接入无人机云，报告频率最少每分钟一次。

b. 对于Ⅲ、Ⅳ、Ⅵ和Ⅶ类的民用无人机应接入无人机云，在人口稠密区报告频率最少每秒一次。在非人口稠密区报告频率最少每30秒一次。

c. 对于Ⅳ类的民用无人机，增加被动反馈系统。

14.1.3 未接入无人机云的民用无人机运行前需要提前向管制部门

提出申请，并提供有效监视手段。

14.2　民用无人机运营人的管理根据《民用航空法》规定，无人机运营人应当对无人机投保地面第三人责任险。

15. 无人机云提供商须具备的条件

15.1　无人机云提供商须具备以下条件：

15.1.1　设立了专门的组织机构；

15.1.2　建立了无人机云系统的质量管理体系和安全管理体系；

15.1.3　建立了民用无人机驾驶员、运营人数据库和无人机运行动态数据库，可以清晰管理和统计持证人员，监测运行情况；

15.1.4　已与相应的管制、机场部门建立联系，为其提供数据输入接口，并为用户提供空域申请信息服务；

15.1.5　建立与相关部门的数据分享机制，建立与其他无人机云提供商的关键数据共享机制；

15.1.6　满足当地人大和地方政府出台的法律法规，遵守军方为保证国家安全而发布的通告和禁飞要求；

15.1.7　获得局方试运行批准。

15.2　提供商应定期对系统进行更新扩容，保证其所接入的民用无人机运营人使用方便、数据可靠、低延迟、飞行区域实时有效。

15.3　提供商每6个月向局方提交报告，内容包括无人机云系统接入航空器架数，运营人数量，技术进步情况，遇到的困难和问题，事故和事故征候等。

16. 植保无人机运行要求

16.1　植保无人机作业飞行是指无人机进行下述飞行：

16.1.1　喷洒农药；

16.1.2　喷洒用于作物养料、土壤处理、作物生命繁殖或虫害控制的任何其他物质；

16.1.3　从事直接影响农业、园艺或森林保护的喷洒任务，但不包括撒播活的昆虫。

16.2 人员要求

16.2.1 运营人指定的一个或多个作业负责人，该作业负责人应当持有民用无人机驾驶员合格证并具有相应等级，同时接受了下列知识和技术的培训或者具备相应的经验：

a. 理论知识。

（1）开始作业飞行前应当完成的工作步骤，包括作业区的勘察；

（2）安全处理有毒药品的知识及要领和正确处理使用过的有毒药品容器的办法；

（3）农药与化学药品对植物、动物和人员的影响和作用，重点在计划运行中常用的药物以及使用有毒药品时应当采取的预防措施；

（4）人体在中毒后的主要症状，应当采取的紧急措施和医疗机构的位置；

（5）所用无人机的飞行性能和操作限制；

（6）安全飞行和作业程序。

b. 飞行技能，以无人机的最大起飞全重完成起飞、作业线飞行等操作动作。

16.2.2 作业负责人对实施农林喷洒作业飞行的每一人员实施16.2.1 规定的理论培训、技能培训以及考核，并明确其在作业飞行中的任务和职责。

16.2.3 作业负责人对农林喷洒作业飞行负责。其他作业人员应该在作业负责人带领下实施作业任务。

16.2.4 对于独立喷洒作业人员，或者从事作业高度在15米以上的作业人员应持有民用无人机驾驶员合格证。

16.3 喷洒限制

实施喷洒作业时，应当采取适当措施，避免喷洒的物体对地面的人员和财产造成危害。

16.4 喷洒记录保存

实施农林喷洒作业的运营人应当在其主运行基地保存关于下列内容的记录：

16.4.1 服务对象的名称和地址；

16.4.2　服务日期；
16.4.3　每次作业飞行所喷洒物质的量和名称；
16.4.4　每次执行农林喷洒作业飞行任务的驾驶员的姓名、联系方式和合格证编号（如适用），以及通过知识和技术检查的日期。

17. 无人飞艇运行要求

17.1　禁止云中飞行。在云下运行时，与云的垂直距离不得少于120米。
17.2　当无人飞艇附近存在人群时，须在人群以外30米运行。当人群抵近时，飞艇与周边非操作人员的水平间隔不得小于10米，垂直间隔不得小于10米。
17.3　除经局方批准，不得使用可燃性气体如氢气。

18. 废止和生效

本咨询通告自下发之日起生效。2016年12月31日前Ⅲ、Ⅳ、Ⅴ、Ⅵ和Ⅶ类无人机均应符合本咨询通告要求，在北京、上海、广州、深圳运行的Ⅱ类无人机也应符合本咨询通告要求；2017年12月31日前适用无人机均应符合本咨询通告要求。

当其他法律法规发布生效时，本咨询通告与其内容相抵触部分自动失效；飞行标准司有责任依据法律法规的变化、科技进步、社会需求等及时修订本咨询通告。

4. 民用无人驾驶航空器系统空中交通管理办法

（中国民用航空局空管行业管理办公室，2016-09-21）

第一章　总　　则

第一条　为了加强对民用无人驾驶航空器飞行活动的管理，规范其空中交通管理工作，依据《中华人民共和国民用航空法》、《中华人民共和国飞行基本规则》、《通用航空飞行管制条例》和《民用航空空中交通管理规则》，制定本办法。

第二条　本办法适用于依法在航路航线、进近（终端）和机场管制地带等民用航空使用空域范围内或者对以上空域内运行存在影响的民用无人驾驶航空器系统活动的空中交通管理工作。

第三条　民航局指导监督全国民用无人驾驶航空器系统空中交通管理工作，地区管理局负责本辖区内民用无人驾驶航空器系统空中交通服务的监督和管理工作。

空管单位向其管制空域内的民用无人驾驶航空器系统提供空中交通服务。

第四条　民用无人驾驶航空器仅允许在隔离空域内飞行。民用无人驾驶航空器在隔离空域内飞行，由组织单位和个人负责实施，并对其安全负责。多个主体同时在同一空域范围内开展民用无人驾驶航空器飞行活动的，应当明确一个活动组织者，并对隔离空域内民用无人驾驶航空器飞行活动安全负责。

第二章　评估管理

第五条　在本办法第二条规定的民用航空使用空域范围内开展民用无人驾驶航空器系统飞行活动，除满足以下全部条件的情况外，应通过地区管理局评审：

（一）机场净空保护区以外；

（二）民用无人驾驶航空器最大起飞重量小于或等于 7 千克；

（三）在视距内飞行，且天气条件不影响持续可见无人驾驶航空器；

（四）在昼间飞行；

（五）飞行速度不大于 120 千米/小时；

（六）民用无人驾驶航空器符合适航管理相关要求；

（七）驾驶员符合相关资质要求；

（八）在进行飞行前驾驶员完成对民用无人驾驶航空器系统的检查；

（九）不得对飞行活动以外的其他方面造成影响，包括地面人员、设施、环境安全和社会治安等。

（十）运营人应确保其飞行活动持续符合以上条件。

第六条 民用无人驾驶航空器系统飞行活动需要评审时，由运营人会同空管单位提出使用空域，对空域内的运行安全进行评估并形成评估报告。

地区管理局对评估报告进行审查或评审，出具结论意见。

第七条 民用无人驾驶航空器在空域内运行应当符合国家和民航有关规定，经评估满足空域运行安全的要求。评估应当至少包括以下内容：

（一）民用无人驾驶航空器系统情况，包括民用无人驾驶航空器系统基本情况、国籍登记、适航证件（特殊适航证、标准适航证和特许飞行证等）、无线电台及使用频率情况；

（二）驾驶员、观测员的基本信息和执照情况；

（三）民用无人驾驶航空器系统运营人基本信息；

（四）民用无人驾驶航空器的飞行性能，包括：飞行速度、典型和最大爬升率、典型和最大下降率、典型和最大转弯率、其他有关性能数据（例如风、结冰、降水限制）、航空器最大续航能力、起飞和着陆要求；

（五）民用无人驾驶航空器系统活动计划，包括：飞行活动类型或目的、飞行规则（目视或仪表飞行）、操控方式（视距内或超视距，无线电视距内或超无线电视距等）、预定的飞行日期、起飞地点、降落地点、巡航速度、巡航高度、飞行路线和空域、飞行时间和次数；

（六）空管保障措施，包括：使用空域范围和时间、管制程序、间隔要求、协调通报程序、应急预案等；

（七）民用无人驾驶航空器系统的通信、导航和监视设备和能力，包括：民用无人驾驶航空器系统驾驶员与空管单位通信的设备和性能、民用无人驾驶航空器系统的指挥与控制链路及其性能参数和覆盖范围、驾驶员和观测员之间的通信设备和性能、民用无人驾驶航空器系统导航和监视设备及性能；

（八）民用无人驾驶航空器系统的感知与避让能力；

（九）民用无人驾驶航空器系统故障时的紧急程序，特别是：与空管单位的通信故障、指挥与控制链路故障、驾驶员与观测员之间的通信故障等情况；

（十）遥控站的数量和位置以及遥控站之间的移交程序；

（十一）其他有关任务、噪声、安保、业载、保险等方面的情况；

（十二）其他风险管控措施。

第八条　按照本规定第六条需要进行评估的飞行活动，其使用的民用无人驾驶航空器系统应当为遥控驾驶航空器系统，而非自主无人驾驶航空器系统。并且能够按要求设置电子围栏。

第九条　地区管理局应当组织相关部门对评估报告进行审查，对于复杂问题可以组织专家进行评审和现场演示，并将审查或评审结论反馈给运营人和有关空管单位。

第三章　空中交通服务

第十条　民用无人驾驶航空器飞行应当为其单独划设隔离空域，明确水平范围、垂直范围和使用时段。可在民航使用空域内临时为民用无人驾驶航空器划设隔离空域。飞行密集区、人口稠密区、重点地区、繁忙机场周边空域，原则上不划设民用无人驾驶航空器飞行空域。

第十一条　隔离空域由空管单位会同运营人划设。划设隔离空域应综合考虑民用无人驾驶航空器通信导航监视能力、航空器性能、应急程序等因素，并符合下列要求：

（一）隔离空域边界原则上距其他航空器使用空域边界的水平距离不小于10公里；

（二）隔离空域上下限距其他航空器使用空域垂直距离8 400米（含）以下不得小于600米，8 400米以上不得小于1 200米。

第十二条　民用无人驾驶航空器在隔离空域内运行时，应当符合下列要求：

（一）民用无人驾驶航空器应当遵守规定的程序和安全要求；

（二）民用无人驾驶航空器确保在所分配的隔离空域内飞行，

并与水平边界保持5公里以上距离；

（三）防止民用无人驾驶航空器无意间从隔离空域脱离。

第十三条　为了防止民用无人驾驶航空器和其他航空器活动相互穿越隔离空域边界，提高民用无人驾驶航空器运行的安全性，需要采取下列安全措施：

（一）驾驶员应当持续监视民用无人驾驶航空器飞行；

（二）当驾驶员发现民用无人驾驶航空器脱离隔离空域时，应向相关空管单位通报；

（三）空管单位发现民用无人驾驶航空器脱离隔离空域时，应当防止与其他航空器发生冲突，通知运营人采取相关措施，并向相关管制单位通报。

（四）空管单位应当同时向民用无人驾驶航空器和隔离空域附近运行的其他航空器提供服务；

（五）在空管单位和民用无人驾驶航空器系统驾驶员之间应建立可靠的通信；

（六）空管单位应为民用无人驾驶航空器指挥与控制链路失效、民用无人驾驶航空器避让侵入的航空器等紧急事项设置相应的应急工作程序。

第十四条　针对民用无人驾驶航空器违规飞行影响日常运行的情况，空管单位应与机场、军航管制单位等建立通报协调关系，制定信息通报、评估处置和运行恢复的方案，保证安全，降低影响。

第四章　无线电管理

第十五条　民用无人驾驶航空器系统活动中使用无线电频率、无线电设备应当遵守国家无线电管理法规和规定，且不得对航空无线电频率造成有害干扰。

第十六条　未经批准，不得在民用无人驾驶航空器上发射语音广播通信信号。

第十七条　使用民用无人驾驶航空器系统应当遵守国家有关部门发布的无线电管制命令。

第五章　附　　则

第十八条　民用无人驾驶航空器系统飞行活动涉及多项评估或审批的，地区管理局应当统筹安排。

第十九条　本管理办法自下发之日起开始施行，原《民用无人机空中交通管理办法》（MD－TM－2009－002）同时废止。

第二十条　本管理办法使用的术语定义：

民用无人驾驶航空器：没有机载驾驶员操作的民用航空器。

民用无人驾驶航空器系统：指民用无人驾驶航空器及与其安全运行有关的组件，主要包括遥控站、数据链路等。

遥控驾驶航空器系统：由遥控驾驶航空器、相关的遥控站、所需的指挥与控制链路以及批准的型号设计规定的任何其他部件构成的系统。

遥控驾驶航空器：由遥控站操纵的无人驾驶航空器。遥控驾驶航空器是无人驾驶航空器的亚类。

遥控站：遥控驾驶航空器系统的组成部分，包括用于操纵遥控驾驶航空器的设备。

指挥与控制链路：遥控驾驶航空器和遥控站之间为飞行管理目的建立的数据链接。

自主无人驾驶航空器系统：不允许驾驶员介入飞行管理的无人驾驶航空器。

电子围栏：是指为防止民用无人驾驶航空器飞入或者飞出特定区域，在相应电子地理范围中画出其区域边界，并配合飞行控制系统，保障区域安全的软硬件系统。

感知与避让：观察、发现、探测交通冲突或其他危险，并采取适当行动的能力。

运营人：是指从事或拟从事航空器运营的个人、组织或者企业。

驾驶员：由运营人指派对遥控驾驶航空器的运行负有必不可少职责并在飞行期间适时操纵无人驾驶航空器的人。

观测员：由运营人指定的训练有素的人员，通过目视观测遥控驾驶航空器协助驾驶员安全实施飞行。

隔离空域：专门分配给无人驾驶航空器系统运行的空域，通过限制其他航空器的进入以规避碰撞风险。

非隔离空域：无人驾驶航空器系统与其他有人驾驶航空器同时运行的空域。

目视视距内：驾驶员或观测员与无人驾驶航空器保持直接目视视觉接触的运行方式。直接目视视觉接触的范围为：真高120米以下；距离不超过驾驶员或观测员视线范围或最大500米半径的范围，两者中取较小值。

超目视视距：无人驾驶航空器在目视视距以外的运行方式。

无线电视距内：是指发射机和接收机在彼此的无线电覆盖范围之内能够直接进行通信，或者通过地面网络使远程发射机和接收机在无线电视距内，并且能在相应时间范围内完成通信传输的情况。

超无线电视距：是指发射机和接收机不在无线电视距之内的情况。因此所有卫星系统都是超无线电视距的，遥控站通过地面网络不能在相应时间范围与至少一个地面站完成通信传输的系统也都是超无线电视距的。

机场净空区：也称机场净空保护区域，是指为保护航空器起飞、飞行和降落安全，根据民用机场净空障碍物限制图要求划定的空间范围。

人口稠密区：是指城镇、村庄、繁忙道路或大型露天集会场所等区域。

重点地区：是指军事重地、核电站和行政中心等关乎国家安全的区域及周边，或地方政府临时划设的区域。

5. 民用无人机驾驶员管理规定

（中国民用航空局飞行标准司，2018-8-31）

1　目的

近年来随着技术进步，民用无人驾驶航空器（以下简称无人机）的生产和应用在国内外得到了蓬勃发展，其驾驶员（业界也称操控员、操作手、飞手等，在本咨询通告中统称为驾驶员）数量持续快速增加。面对这样的情况，局方有必要在不妨碍民用无人机多元发展的前提下，加强对民用无人机驾驶员的规范管理，促进民用无人机产业的健康发展。

由于民用无人机在全球范围内发展迅速，国际民航组织已经开始为无人机系统制定标准和建议措施（SARPs）、空中航行服务程序（PANS）和指导材料。这些标准和建议措施已日趋成熟，因此多个国家发布了管理规定。

无论驾驶员是否位于航空器的内部或外部，无人机系统和驾驶员必须符合民航法规在相应章节中的要求。由于无人机系统中没有机载驾驶员，原有法规有关驾驶员部分章节已不能适用，本文件对相关内容进行说明。本咨询通告针对目前出现的无人机系统的驾驶员实施指导性管理，并将根据行业发展情况随时修订，最终目的是按照国际民航组织的标准建立我国完善的民用无人机驾驶员监管体系。

2 适用范围

本咨询通告用于民用无人机系统驾驶人员的资质管理。其涵盖范围包括：

（1）无机载驾驶人员的无人机系统。

（2）有机载驾驶人员的航空器，但该航空器可同时由外部的无人机驾驶员实施完全飞行控制。

分布式操作的无人机系统或者集群，其操作者个人无须取得无人机驾驶员执照，具体管理办法另行规定。

编者注：全文已省略。

链接 http：//www.caac.gov.cn/XXGK/XXGK/GFXWJ/201811/t20181127_193181.html